Die ökologische Benachteiligung der Tropen

Von Dr. rer. nat. Wolfgang Weischet
o. Professor an der Universität Freiburg i. Br.

2., durchgesehene Auflage
Mit 39 Figuren

B. G. Teubner Stuttgart 1980

Prof. Dr. rer. nat. Wolfgang Weischet

Geboren 1921 in Solingen-Ohligs. 1940–1942 Studium der Meteorologie und Geophysik in Hamburg und Berlin. Diplom-Meteorologe, Assesor im Reichswetterdienst. 1945-1948 Studium der Geographie, Physik und Mathematik in Bonn. 1948 Promotion bei Prof. Troll in Bonn. Anschließend Wiss. Assistent von Prof. Louis, zunächst in Köln, ab 1951 in München. 1954 Habilitation für Geographie in München. 1955/56 Gastforscher Universidad de Chile, Santiago. 1959–1961 Prof. für Geographie und Direktor Instituto de Geografia y Geologia, Universidad Austral de Chile in Valdivia. Seit 1961 o. Prof. und Direktor Geographisches Institut I, Universität Freiburg/Br. 1969/70 Visiting Prof. University of Wisconsin, Milwaukee.

CIP-Kurztitelaufnahme der Deutschen Bibliothek

Weischet, Wolfgang:
Die ökologische Benachteiligung der Tropen / von
Wolfgang Weischet. - 2., durchges. Aufl. -
Stuttgart : Teubner, 1980.
ISBN 3-519-13402-0

Printed in Germany
Gesamtherstellung: Beltz Offsetdruck, Hemsbach/Bergstraße
Umschlaggestaltung: W. Koch, Sindelfingen

Vorwort

Eines der meistdiskutierten und zugleich brisantesten Probleme unserer Zeit ist der krasse Unterschied im sozial-ökonomischen Entwicklungsstand zwischen den Industrienationen und den Völkern der sog. Dritten und Vierten Welt. In der neuerdings für dieses Phänomen propagierten Schlagwortformulierung vom „Nord-Süd-Gefälle auf der Erde" kommt – wenn auch etwas unvollkommen – der geographische Tatbestand zum Ausdruck, daß der relativ niedrige Entwicklungsstand schwerpunktmäßig im Gürtel der Tropenländer konzentriert ist. Man apostrophiert diesen Teil der Welt zuweilen sogar mit gewissem Recht als „Hungergürtel der Erde".

Die Vorstellungen darüber, wie es wohl zu dem Gegensatz gekommen ist, werden außerhalb bestimmter Kreise von Fachleuten in der breiten Öffentlichkeit ganz ausschließlich von den gesellschaftswissenschaftlichen Interpretationen des Problems geformt. Tenor ist: Bei genügender Anstrengung im Innern und zusätzlicher Unterstützung von außen kann in den betreffenden Ländern nachgeholt werden, was bisher – aus welchen Gründen auch immer – versäumt wurde.

Der Gedanke, daß die Menschen dort nichts versäumt haben, sondern daß trotz gleicher Anstrengung aus den Lebensräumen der Tropen agrarwirtschaftlich einfach weniger machbar war – und möglicherweise auch noch ist und weiter sein wird – als aus unseren sog. gemäßigten Breiten, wird von den meisten Menschen mit einem Ausdruck der Überraschung und des gelinden Zweifels an der Ernsthaftigkeit der Überlegung quittiert.

Ich meine jedoch, es sei an der Zeit, daß sich die Menschen unserer Tage mit dem Gedanken vertraut machten, daß die Tropen den schwieriger entwickelbaren Teil unserer Erde darstellen und daß die Tropenbewohner im Laufe der Kulturentwicklung der Menschheit einem naturgegebenen Handicap unterworfen waren. Mit solcher Einsicht kommt man zu einer realistischeren Einschätzung vom Menschenmöglichen in den verschiedenen Teilen dieser Welt und man hilft, einer entsprechend besseren Behandlung der damit verbundenen Probleme in der Öffentlichkeit die notwendige Plattform zu bereiten. Das Problem besteht nur darin, daß der Nachweis der Richtigkeit des Gedankens mit einem Maß an Kenntnissen aus verschiedenen Geowissenschaften rechnen muß, mit dem man normalerweise nicht rechnen kann, weil es z.B. im Regelfall auch den Fachvertretern für Geographie an den Oberschulen noch nicht vermittelt wird.

In der vorliegenden Schrift wird der Versuch unternommen, über diese Schwierigkeit hinwegzukommen und die Materie auch für Nichtnaturwissenschaftler zugänglich und verständlich zu machen. Zu diesem Zweck wird in einem Hauptteil die Ableitung der ökologischen Benachteiligung der Tropen und damit die naturgeographische Anlage des sozio-ökonomischen Nord-Süd-Gefälles möglichst konzentriert unter Verwendung der entscheidenden Fakten und nur mäßiger Vereinfachung der fachüblichen Nomenklatur geführt, ohne verwirrende Umschweife durch Belege bzw. Erläuterungen. Diese werden in zwei gesonderten Teilen als „Materialien" [M1 bis M30] bzw. „Zusätzliche

Ausführungen" [ZA 1 bis ZA 20] angeschlossen. Dabei sind die Einzelabschnitte so gehalten, daß sie die Originaldaten und Zusatzinformationen in einer Form bieten – so hoffe ich wenigstens –, die für Unterricht und Selbststudium brauchbar ist. Die Literaturhinweise erfolgen jeweils im Textzusammenhang.

Herzlichen Dank sagen möchte ich den Freiburger Kollegen von der Bodenkunde, Mineralogie und Kristallographie, den Herren Ganssen, Blum, Moll, Hädrich, Wimmenauer und Buck, sowie den Herren Sioli, Klinge und Fittkau vom Max-Planck-Institut in Plön, die mir Antworten auf manche Fragen gegeben oder die bestimmte Textteile durchgesehen haben.

Meinen Mitarbeitern am Geographischen Institut I, Frau Beil und Frau Ohr sowie Herrn Hoppe, verdanke ich viel technische Hilfe beim Erstellen des Manuskriptes und der kartographischen Beilagen.

Freiburg, August 1976 Wolfgang Weischet

Vorwort zur 2. Auflage

Die gute Aufnahme des Buches freut mich natürlich. Für manche Hinweise und Ratschläge bin ich den Rezensenten dankbar. Die angebrachten Verbesserungen konnten sich gleichwohl im wesentlichen auf Schreib- und Druckfehler beschränken.

So hoffe ich weiterhin auf eine kritische Leserschaft und darauf, daß die dargelegten Gedankengänge und Ableitungen Hilfen zum besseren Verständnis der geographischen Differenzierungen in unserer Welt bieten.

Freiburg, Ende September 1979 Wolfgang Weischet

Inhalt

III Zusätzliche Ausführungen (ZA)

I Ableitung der ökologischen Benachteiligung der Tropen

Die Tropen werden, soweit sie genügend Regen empfangen, gemeinhin für fruchtbare Gebiete gehalten. Um so alarmierender und im Letzten auch unbegreiflicher wirken vor dem Hintergrund dieses Allgemeinverständnisses all jene Berichte internationaler Kommissionen über mangelhafte agrarische Produktion, Unter- und Falschernährung der Bevölkerung bis hin zu wahren Hungerkatastrophen.

1 Grundthesen

Moderne Forschungsergebnisse aus verschiedenen Erdwissenschaften liefern in ihrer ökologischen Verknüpfung inzwischen den Beweis, daß *die tropischen Lebensräume hinsichtlich des agrarwirtschaftlichen Produktionspotentials von Natur aus wesentlich ungünstiger gestellt sind als diejenigen der Außertropen und Subtropen.* Aus dem Zusammenwirken von Wasserhaushalt, Bodenbildungsprozessen, Nährstoffkreislauf in der Vegetation und Formungsvorgängen bei der Ausgestaltung der Erdoberfläche ergeben sich unter den tropischen Klimabedingungen nämlich bestimmte limitierende Faktoren, welche die mögliche agrarische Produktion an Nahrungsgewächsen zwangsläufig auf ein Niveau fixieren, das erheblich unter demjenigen vergleichbarer Anbaugebiete in den Mittelbreiten und Subtropen liegt, ob mit oder ohne natürliche bzw. künstliche Düngung, spielt dabei keine Rolle.

Die Folgen sind tiefgreifend. Im Endeffekt läuft es darauf hinaus, daß Außertropen und Subtropen leichter zu Lebensräumen hohen sozial-ökonomischen Standards entwickelbar waren und sind als die Tropen. Die Tropenbewohner haben seit jeher ein von der natürlichen Umwelt vorgegebenes *Handicap in der Kulturentwicklung* der Menschheit zu tragen gehabt. Viele Eingeborenenlandschaften, die uns als unterentwickelt erscheinen, sind im Grunde weitgehende und nicht selten die bestmöglichen Anpassungen an gegebene Umweltbedingungen. Nach den neueren Erkenntnissen muß sogar befürchtet werden, daß alle Hilfe mit den in den Außertropen entwickelten Techniken die entscheidenden Restriktionen nur teilweise zu überwinden vermag.

2 Genauere Fassung der Problemstellung

2.1 Ernährungsprobleme auch bei geringen Bevölkerungsdichten

Unabhängig von der noch notwendigen Untergliederung nach hygrischen Gesichtspunkten kann man die Tropen thermisch durch die 18°-Isotherme des kältesten Monats eingrenzen. So wird ein Gebiet umschrieben, in welchem die Temperatur in der kältesten

Jahreszeit ungefähr derjenigen der Hochsommermonate in Südwestdeutschland entspricht. Von der Temperatur her herrschen also ganzjährig Wachstumsbedingungen wie bei uns nur im Sommer. Da der genannte Temperaturgrenzwert auf beiden Halbkugeln in Breiten zwischen 25 und 30° verläuft, nehmen die so abgegrenzten Tropen nahezu die Hälfte der Erdoberfläche, die reinen Landflächen etwas mehr als ein Drittel der gesamten Landmasse ein. In diesem Bereich lebt aber nur ein Viertel der Weltbevölkerung [ZA 1].

Die für die Ausgestaltung der verschiedenen Lebensräume innerhalb der Tropen entscheidende hygrisch-klimatische Untergliederung ist am übersichtlichsten in Afrika, dem Prototyp eines Tropenkontinentes. Die Differenzierung wird bestimmt von der unterschiedlichen Gesamtmenge des Niederschlages und seiner Verteilung über das Jahr. Als allgemein bekannt kann man die Tatsache voraussetzen, daß von den äquatornahen Gebieten zu den äußeren Tropen hin Dauer und Ergiebigkeit der Regenzeit abnehmen. Wichtig hinzuzufügen ist noch, daß in der gleichen Richtung wie die Niederschlagsmenge geringer und die feuchte Jahreszeit kürzer werden, auch die Veränderlichkeit der Regen von Jahr zu Jahr sowohl hinsichtlich ihrer Menge als auch der zeitlichen Aufeinanderfolge der einzelnen Niederschlagsereignisse wächst [M 1].

Ihren physiognomisch am besten faßbaren Ausdruck findet dieser großräumige Klimawechsel von den immerfeuchten, humiden inneren zu den periodisch von der passatischen Trockenzeit beherrschten äußeren Tropen im Wandel der klimatisch bedingten Vegetationsgürtel vom immergrünen tropischen Regenwald über die halblaubwerfenden Feuchtwälder bzw. deren Ersatzformation, die Feuchtsavannen, die lichten regengrünen Trockenwälder bzw. Trockensavannen und den Dorn- und Sukkulentenbusch bis hin zur zwergstrauchbestandenen Halbwüste und endlich zur pflanzenleeren Wüste am Rande der Tropen [M 2].

Im äußeren Saum der Trockensavanne verläuft bei Jahresniederschlägen in der Größenordnung von 400 bis 500 mm, verteilt auf 4 bis 5 Regenmonate, die Polargrenze des Trockenfeldbaues. Von ihr an äquatorwärts ist also von den thermischen und hygrischen Bedingungen her Feldbau ohne künstliche Bewässerung möglich [ZA 2].

Innerhalb des so eingegrenzten Kernraumes der Tropen zeigt die Bevölkerungsverteilung folgende wichtigen Charakteristika [M 3]:

1. die Gebiete, in denen großräumig die größten Bevölkerungsdichten herrschen, liegen in den trockeneren Teilen, abseits des natürlichen Verbreitungsgebietes des immergrünen Regenwaldes.

2. Speziell in Westafrika fällt vor dem Hintergrund der in Form von breitenparallelen Gürteln angelegten Klima- und Vegetationszonen auf, daß außer einem Gebiet relativ großer Bevölkerungskonzentration entlang der Küste ein zweiter Dichtegürtel im Norden der Guinealänder von Senegal bis nach Nigeria durchläuft, während der sog. „Middle-Belt" von Elfenbeinküste, Ghana, Togo und Nigeria durch deutlich geringere Bevölkerungsdichten ausgezeichnet ist. Naturgeographisch entspricht der Middle-Belt weitgehend dem Gebiet der Feuchtsavanne. Der dichter besiedelte North-Belt liegt hingegen in der hygrisch-klimatisch schon wesentlich ungünstigeren Trockensavanne. Die breitenparallele Anordnung der Belts legt nahe, über eventuelle Zusammenhänge mit klimaabhängigen natürlichen Umweltbedingungen nachzudenken.

3. Die räumlich dichteste Bündelung von Bereichen hoher Bevölkerungskonzentration abseits unmittelbarer Stadteinflüsse (wie in Nigeria) tritt im Innern von Hochafrika, im Bereich der großen ostafrikanischen Seen, auf. Hier finden sich, allerdings immer

kleinräumig begrenzt, die absolut größten Bevölkerungsdichten Tropisch-Afrikas überhaupt. Interessant ist das Beispiel Rwanda und Burundi. Diese Länder sind flächenmäßig die kleinsten afrikanischen Staaten und haben gleichzeitig mit 133 bzw. 125 Menschen auf dem km² die größten mittleren Bevölkerungsdichten. Eng an den Bogen des zentralafrikanischen Grabens angelehnt, erstrecken sich ihre Territorien nahezu vollständig auf jungvulkanischem Untergrund, eine in Afrika singuläre naturgeographische Bedingung. Gewiß, es gibt auch an anderen Stellen noch jungvulkanische Gesteine. Aber daß ganze Staatsgebiete oder auch nur größere Teile davon über solchem Eruptionsmaterial liegen, das gibt es nur in den beiden genannten Ländern. In den anderen heben sich die jungen Vulkangebiete regelhaft als Inseln auffallend großer agrarischer Bevölkerungsdichte in einer relativ dünner besiedelten Umgebung ab. Es sind die Vulkane nordöstlich des Victoriasees, des Kamerunberges sowie das Abessinische Basalthochland als Kernraum Äthiopiens. Mit dieser Aufzählung ist aber bereits das Vorkommen jungvulkanischen Untergrundes innerhalb des vorher abgegrenzten Bereiches möglichen Trockenfeldbaues in Tropisch-Afrika erschöpft. Im allgemeinen besteht der geologische Untergrund aus kristallinen Gesteinen und Sedimenten nichtvulkanischer Herkunft, wobei ausgesprochen junge Sedimente aus dem Tertiär und Quartär auch nur räumlich eng begrenzt auftreten. Markantes Beispiel ist das Mündungsgebiet des Nigers, das auch durch relativ große Bevölkerungskonzentration auffällt.

4. Abseits der Inseln großer Bevölkerungskonzentration ist die Zahl der aus dem Lande zu ernährenden Menschen selbst in den am relativ dichtesten bevölkerten Guinealändern mit Werten von normalerweise 10 bis 20, günstigstenfalls 20 bis 40 Einwohner/km² bemerkenswert klein im Vergleich zu agrarischen Lebensräumen in den Subtropen oder Außertropen, wo abseits von Stadt und Industrie 80 bis 100 Einwohner/km² keine Ausnahme sind. Entsprechende Daten für flächenmäßig vergleichbare Länder an der Guineaküste einerseits und der Bundesrepublik bzw. Großbritannien andererseits belegen, daß bei den am dichtesten bevölkerten Staaten Westafrikas höchstens ein Viertel der Menschen aus der Fläche zu ernähren sind, die in Großbritannien oder der Bundesrepublik von gleichgroßer nutzbarer Fläche tatsächlich auch ernährt werden. In den Staaten näher zum Äquator, in Kamerun, Gabun und den Kongo-Republiken z.B., sind es noch zehnmal weniger [M4].

Diese Fakten bekommen erst ihr richtiges Gewicht, wenn man sie vor dem Hintergrund der durch die Statistiken der internationalen Organisationen in Maß und Zahl belegten Probleme nicht ausreichender Agrarproduktion und unzulänglicher Ernährung der Bevölkerung sieht. Alle die genannten afrikanischen Länder gehören trotz ihrer geringen Bevölkerungszahl zu denjenigen, in welchen den Menschen – besonders auf dem Lande – im Mittel nicht die als Norm anzusetzenden 2500 Kalorien pro Tag zur Verfügung stehen [M5].

Aber das ist noch nicht alles. Die Sache scheint sich nämlich trotz vielfältiger Anstrengungen auf nationaler und internationaler Ebene eher zu verschlechtern als zu verbessern. Auf Grund ihrer weltweiten Erhebungen hat die FAO Mitte der sechziger Jahre für die Tropenländer allgemein festgestellt, daß die Zunahme der Agrarproduktion hinter der Bevölkerungszunahme zurückgefallen sei und die Einkünfte aus Agrarexporten immer kleiner würden. In dem darauf folgenden Jahrzehnt hat sich die Lage mit der Einführung neuen Saatgutes für Reis und Weizen etwas stabilisiert. Doch reicht die Pro-Kopf-Produktion lediglich, um den in vielen Ländern herrschenden Mangel nicht noch größer werden zu lassen [ZA3].

Fügt man hinzu: „Und das trotz aller technischen und finanziellen Hilfestellung von außen her", so steht man vor der leidlich bekannten Frage, wie es denn nun wirklich um die Trag- und Ausbaufähigkeit tropischer Lebensräume bestellt ist. Daß diese Frage im Zeitalter weltweiter politischer Interrelationen und angesichts des progressiven Bevölkerungswachstums letztlich auch die Gesellschaften außerhalb der Tropenländer bedrängt, gehört fast schon zu den Allgemeinplätzen.

2.2 Im Zeitalter der Entdeckung bereits weniger entwickelt

Zugegeben, die bisherigen Ausführungen konzentrieren die Gedankengänge bewußt einseitig auf einige Zusammenhänge zwischen der mehr oder weniger intensiven Inanspruchnahme unterschiedlicher tropischer Lebensräume und deren naturgeographischen Gegebenheiten. Dieses Verfahren erfordert eine methodische Absicherung durch den Nachweis, daß die auswählende Betrachtungsweise die Sache nicht übersimplifiziert und man bei den weiteren Überlegungen nicht Gefahr läuft, am eigentlichen Problem vorbeizuzielen: *Warum blieb in den agrarisch nutzbaren Teilen der Tropen die Bevölkerung nach Zahl und wirtschaftlichem Entwicklungsstand so bemerkenswert hinter den Ländern der Außertropen zurück?*

Die Gegenposition zu der Auffassung, daß dafür naturgeographische Gegebenheiten eine entscheidende Rolle gespielt haben, lautet in der Formulierung von HODDER in seinem – nebenbei nicht nur lesens-, sondern studierenswerten – Buch „Economic Development in the Tropics" von 1973: „Vorhandensein oder Fehlen naturgebundener materieller Ressourcen determiniert in keiner Weise die sozial-ökonomische Entwicklung eines Landes." Fundament dieser Überzeugung ist die wirtschaftswissenschaftliche These, daß der Austausch zwischen den Ländern und Völkern die Möglichkeit eröffnet, die Beschränkungen, die durch Mängel an natürlichen Ressourcen der einen oder anderen Gesellschaft zunächst auferlegt sind, zu durchbrechen. Dadurch wird das Wachstum letztlich enger und direkter als an natürliche Ressourcen an Bevölkerungs- und Kapitalakkumulation gebunden, die ein bleibendes Potential für ökonomische Expansion bieten, – so ungefähr in der Formulierung von BARNET und MORSE in „Scarcity and growth" von 1963 [ZA 4].

Nicht nur die diametralen, sondern alle gegen die sog. deterministische Betrachtungsweise vom Einfluß der Natur auf die Lebensumstände des Menschen vorgebrachten Argumente müssen in der einen oder anderen Form die Funktion des Austausches in Anspruch nehmen.

Alles Wissen um dessen unbestreitbare Einflüsse im einzelnen hilft aber in Bezug auf das hier speziell angesprochene Problem der unterschiedlichen Entwicklung in den Tropen bzw. Außertropen in den letzten Konsequenzen doch nicht weiter. Man kann nämlich mit genügender Genauigkeit noch die Situation beurteilen, die in der Endphase jenes Entwicklungsabschnittes herrschte, den Tropen und Außertropen als getrennte Welten unabhängig voneinander, ohne Austausch, durchgemacht haben. Und damals, im Zeitalter der Entdeckung, war es so, daß die geistigen Impulse und die technischen Möglichkeiten zur Herstellung der Verbindung und damit des Austausches mit der Welt der Tropen außerhalb von ihr, nämlich in den Ländern der Sub- und Außertropen, entwickelt wurden, und daß zur Zeit des ersten Zusammentreffens der beiden Welten diejenige des Nordens bereits jenen entscheidenden zivilisatorischen und technischen Entwicklungsvorsprung hatte, der es ihr überhaupt ermöglichte, all jenes in den

Tropenländern durchzusetzen, was als Fluch oder Segen der Kolonial- und Postkolonialzeit zu werten ist.

Das Problem läßt sich also auf die Analyse von Systemen zurückführen, die voneinander unabhängig sind, für deren Verständnis der Austausch noch keine Rolle spielt. Daß dieser Zustand zeitlich ein paar Jahrhunderte zurückliegt, ist für eine naturwissenschaftliche Analyse kein Handicap, weil die zu untersuchenden natürlichen Bedingungen von Wasserhaushalt, Bodenbildung, Vegetationsentwicklung und Oberflächenformung in ihrer ökologischen Verknüpfung wegen der geringen Bevölkerungsdichte in den Tropen in ausreichend großen Gebieten noch im natürlichen Zustand studiert werden können, und weil dort, wo der Mensch Veränderungen hervorgerufen hat, diese quantitativ und qualitativ vergleichsweise so gering sind, daß sie zuverlässige Erkenntnisse über die Gegebenheiten vor der Einflußnahme nicht unmöglich machen. Man kann also ohne weiteres aktualistisch und mit Informationen moderner Untersuchungstechniken an das Problem herangehen.

3 Die entscheidenden tropenspezifischen ökologischen Engpässe agrarwirtschaftlicher Inwertsetzung

3.1 Produktionsstarker Wald – produktionsschwache Kulturflächen

Die Tropen galten bis Anfang der dreißiger Jahre auch bei den Wissenschaftlern unbestritten als die fruchtbarsten und potentiell tragfähigsten Landschaftsgürtel auf agrarwirtschaftlicher Basis. Albrecht PENCK hat 1924 in den Sitzungen der Preußischen Akademie der Wissenschaften unter dem Thema „Das Hauptproblem der physischen Anthropogeographie“ die damaligen Kenntnisse für die verschiedenen naturgeographischen Großregionen der Erde zusammengefaßt und kam bei seinen Überlegungen für die feuchtwarmen Urwaldgebiete auf eine potentiell mögliche Bevölkerungsdichte von 200 Einwohnern/km^2 gegenüber nur 100 im Bereich der außertropischen Waldregion. Ende der dreißiger Jahre meldete dagegen u. a. der tropenerfahrene Karl SAPPER in einer Schrift über „Die Ernährungswirtschaft der Erde und ihre Zukunftsaussichten für die Menschheit“ große Bedenken an. Er wies speziell auf den rapiden Ertragsrückgang auf allen in Kultur genommenen Flächen innerhalb der tropischen Wald- und Savannengebiete hin und betonte in diesem Zusammenhang, daß nicht dem von PENCK apostrophierten Klima, sondern den Böden die wichtigste Funktion im Produktionsprozeß zukomme. Da aber damals und in der Folgezeit nicht genügend genaue Kenntnisse über Qualitäts- und ökologische Wirkungsunterschiede der Böden vorlagen, war die Vorstellung von der Fruchtbarkeit der Tropen nicht totzukriegen.

So hat z.B. der Wirtschaftsgeograph Hans CAROL als guter Kenner Afrikas Anfang der siebziger Jahre noch für Tropisch-Afrika allein eine „Theoretische Ernährungskapazität“ für mindestens drei Milliarden Menschen, drei Viertel der gegenwärtigen Weltbevölkerung, kalkuliert [M6].

In der Üppigkeit tropischer Urwälder mit ihren extrem hohen Bäumen, der Mehrschichtigkeit der Kronenstockwerke sowie der Auffüllung aller Zwischenräume durch Epiphyten, Schlingpflanzen und großblättrige Kräuter wird schließlich die vegetabilische Produktionskraft dieser Gebiete jedermann sinnfällig vor Augen geführt.

Daß tatsächlich die Produktion an Biomasse in natürlichen tropischen Waldformationen wesentlich größer ist als in außertropischen, läßt sich sogar durch fundierte Kalkulationen aus jüngster Zeit belegen. RODIN und BASILIVIC von der Akademie der Wissenschaften in Moskau haben 1968 auf einem UNESCO-Symposium vorgetragen, daß die jährliche Brutto-Produktion an Biomasse im tropischen Regenwald 32,5, in einem subtropischen Feuchtwald 24,5, in außertropischen Buchenwäldern aber nur 13 und im borealen Nadelwald lediglich 7 t pro ha beträgt. ODUM kommt 1971 auf anderer Kalkulationsbasis zu dem Ergebnis, daß die Primärproduktion im tropischen Regenwald 20000, im außertropischen Feuchtwald nur 8000 kcal/m^2 und Jahr ausmacht. Bei der Netto-Produktion sind die Relationen ähnlich. Man kann also von der genügend abgesicherten Erkenntnis ausgehen, daß die *Produktionskraft natürlicher Wälder in den feuchten Tropen rund zweieinhalbmal größer ist als in den Außertropen* [M 7].

Die naheliegende, bei oberflächlicher Betrachtungsweise bis heute praktizierte, – wie sich herausstellen wird – aber falsche Schlußfolgerung ist nun: Wenn die natürlichen Systeme nachweisbar eine solch hohe vegetabilische Produktionskraft aufweisen, dann müssen richtig gehandhabte künstliche agrarische Nutzungssysteme sich wenigstens ähnlich verhalten. Tun sie es nicht, so stimmt mit den Nutzungssystemen etwas nicht.

Gewöhnt an die Überlegenheit unserer Wirtschaftssysteme, kann man es uns Angehörigen der sog. entwickelten Länder gar nicht so sehr verdenken, daß selbstverständlich gerade diese Schlußfolgerung bezüglich der autochthonen tropischen Nutzungssysteme gezogen und – ebenso selbstverständlich – eine Reihe entsprechender Entwicklungsratschläge angeschlossen wurde. Inzwischen ist man zwar etwas kleinlauter geworden. Das aber meistens noch nicht auf Grund besserer Erkenntnis, sondern wegen mancher schlechter Erfahrungen mit dem „technological quickfix", wie HUTCHINSON 1967 das übereilte Vorgehen treffend karikiert hat [ZA 5].

3.2 Die tropische Wald-Feld-Wechselwirtschaft

Das für die Trockenfeldbaugebiete der Tropen charakteristische autochthone Landnutzungssystem ist die sog. *shifting cultivation oder* ihre Weiterentwicklung, die *Wald-Feld-Wechselwirtschaft*, auf englisch als „rotational bush fallow" bezeichnet. NYE und GREENLAND taxieren für 1960 die Fläche, die von diesen, von ihnen unter dem Oberbegriff shifting cultivation zusammengefaßten, Landnutzungssystemen beansprucht wird, auf 30 % der agrarisch nutzungsfähigen Oberfläche der Erde.

Im tropischen Südamerika ist sie arealmäßig ebenso absolut vorherrschend wie in Afrika, während in den südasiatischen Tropen zwei Drittel der landwirtschaftlich nutzbaren Fläche von verschiedenen Formen des Daueranbaues und nur der Rest von Wanderfeldbau und Landwechselwirtschaft eingenommen wird [M 8]. Dieser Unterschied wird in der Gesamtargumentation noch eine wichtige Rolle spielen. Zunächst seien schwerpunktmäßig die Verhältnisse in Afrika ins Auge gefaßt.

Es handelt sich bei der ursprünglichen Form der shifting cultivation um eine düngerlose Busch-Feld-Wechselwirtschaft, verbunden mit episodischen oder periodischen Siedlungsverlegungen. Das wichtigste Gerät zur Bodenbearbeitung ist die Hacke oder der Grabstock. Die deutsche Bezeichnung für shifting cultivation ist dementsprechend „Wanderhackbau". Will man dieses System kritisch werten, müssen a) seine Funktionsweise und b) seine kulturgeographischen Konsequenzen an den entscheidenden Punkten beleuchtet werden.

Die genaueste Dokumentation über die Funktionsweise hat meines Wissens Pierre DE SCHLIPPE auf Grund jahrelanger praktischer Erfahrung unter shifting cultivators der Azande im Grenzgebiet zwischen nordöstlichem Kongo und südlichem Sudan geliefert. Das Azande-Gebiet liegt im Bereich laubwerfenden Feuchtwaldes, also im großen Klimagürtel der wechselfeuchten Tropen mit kurzer passatischer Trockenzeit. Die mitgeteilten Fakten sind charakteristisch und repräsentativ für große Teile tropischer Waldgebiete.

Die agrarische Tätigkeit beginnt damit, daß ein Stück des Waldes, meist in der Größe von $^1/_4$ bis $^1/_2$ ha, in einen Zustand versetzt werden muß, der einen Anbau von Wirtschaftspflanzen möglich macht. Dazu werden zunächst in der Trockenzeit die Sträucher, Lianen und dünn- bis mittelstämmigen Bäume geschlagen. Die größeren läßt man stehen. Kurz vor der Regenzeit wird das inzwischen abgetrocknete Material verbrannt. Halbverkohlte Äste und Stämme werden noch ein bißchen aufgeräumt, die Asche bleibt so, wie sie zu Boden gefallen ist, auf der Oberfläche liegen. Sobald die Regenzeit beginnt, wird mit Hilfe eines Grabstocks der Samen einer Getreideart, heute größtenteils Mais, zwischen die restlichen Bäume, Stubben und halbverkohlten Reste des ehemaligen Waldes ungefähr 5 cm tief in die humushaltige, poröse obere Bodenzone eingebracht, die sich unter der Waldbrache entwickelt hat. Außer dem Einstechen der Pflanzlöcher bleibt der Boden sonst unberührt.

Das Schlagen und Brennen der Naturvegetation bringt gleichzeitig mit der gewonnenen Kulturfläche dieser eine Aschendüngung ein. Während der Stickstoff- und Schwefelgehalt der verbrannten Biomasse fast völlig in die Atmosphäre entweichen, werden respektable Mengen von anderen pflanzlichen Aufbauelementen in Form von Carbonaten, Phosphaten und Silikaten der Bodenoberfläche zugeführt. NYE und GREENLAND haben die experimentell gefundenen Daten für verschieden alte Brachformationen zusammengestellt [M9].

Die unvermeidliche Erhitzung der obersten Bodenzone beeinflußt deren physikalische und chemische Eigenschaften sowie die Mikrolebewelt, doch sind diese Auswirkungen sehr schlecht analytisch zu fassen. Der positive Haupteffekt ist die Zufuhr der für das Pflanzenwachstum wichtigen Nährelemente. Es fragt sich nur, wie viel von der im Wald akkumulierten relativ großen Menge letztlich noch den Kulturpflanzen zugute kommt. Man muß nämlich bedenken, daß zwischen dem Brennen und der Wiederbedeckung des Bodens durch Kulturpflanzen und Unkräuter die aschenbedeckte Oberfläche den in den Tropen nicht selten heftigen Regen und der damit verbundenen Abspülung ausgesetzt ist.

Kurz vor oder nach der Ernte der ersten Frucht pflanzt der Bauer auf dasselbe Feld mehrjährige Knollen- und Fruchtgewächse, meist Cassava und Banane. In der Regenzeit wachsen alle Kulturpflanzen relativ schnell, mit ihnen aber auch die Unkräuter, die als Lichtpflanzen im Wald unterdrückt waren und nun unter den neuen Beleuchtungsbedingungen bald zu einer Plage werden. Viel Zeit muß darauf verwandt werden, die Kulturen wenigstens halbwegs von den überwuchernden Unkräutern freizuhalten. In der nächsten Ernteperiode wird auf dem Stück ein Teil der Knollengewächse geerntet, während der Rest zusammen mit den Bananen für die dritte Kulturperiode bleibt. Spätestens nach dem vierten Jahr muß aber das vorher genannte Feldstück als Brache der nachwachsenden Sekundärvegetation überlassen bleiben, weil vom umgebenden Busch her die natürliche Vegetation wieder in die Kulturfläche hineindrängt und weil vor allem die Erträge der Nutzpflanzen von Ernte zu Ernte rapide zurückgehen [ZA6] [M10].

Während des geschilderten Ablaufes auf dem einen Feld hat der Bauer gleichzeitig dieselbe Arbeit auf zwei bis drei weiteren mit der zeitlichen Verzögerung von jeweils einer Ernteperiode vorgenommen. So kommt er nach einer Reihe von Jahren, deren Länge je nach den natürlichen Bedingungen und der Bevölkerungsdichte schwankt, wieder an die ursprünglich erste Anbauparzelle. Über die ist in der Zwischenzeit der Busch gewachsen, die Grenzen der alten Parzelle haben sich verloren, so daß die neu in den Busch gebrannten Anbauflächen in der Regel mit den früher einmal genutzten nicht deckungsgleich sind [M 11].

Die Verlegung der Landstücke bedeutet zunächst einmal einen erheblichen Aufwand an reiner Freilegungs- und Säuberungsarbeit [M 12], der sich im Arbeitskalender mit rund einem Drittel der Arbeitszeit niederschlägt, wobei zu bedenken ist, daß es sich nicht um eine eigentliche Bodenbearbeitung mit dem Effekt stetiger Verbesserung einer Produktionsgrundlage, sondern um reine Säuberungsanstrengungen mit Sisyphuscharakter handelt. Daß dabei nur das Notwendigste gemacht wird, kann man leicht verstehen.

Ein Europäer wird das physiognomische Endergebnis solcher agrarischer Tätigkeit selbst bei weniger üppig sprießender Naturvegetation als im Regenwald erst beim genaueren Hinschauen als Kulturlandschaft erkennen und anerkennen. Charakteristisch für diese Landwechsel-Pseudorotation ist ein kleingemusterter, unregelmäßiger Fleckerlteppich von Busch- und Krautarealen unterschiedlicher Höhe und unterschiedlichen Bedeckungsgrades des Bodens [ZA 7].

Die bisher geschilderte Busch-Feld-Wechselwirtschaft im Umkreis einer bäuerlichen Ansiedlung kann nicht verhindern, daß die nach einer jeweiligen Brachzeit von sechs bis acht Jahren wieder in Kultur genommenen Flächen beim zweiten oder dritten Durchgang bereits eine geringere Anfangsernte liefern und einen viel schnelleren Ertragsrückgang aufweisen. Die gesamte, in Pseudorotation bewirtschaftete Fläche wird im Laufe der Zeit immer ertragsärmer und zwingt schließlich zur Aufgabe von Hofstelle und Wirtschaftsfläche und zum Neubeginn an anderer Stelle, oft viele Kilometer weiter.

Für den Azande-Bauern „stirbt das Land", wie es DE SCHLIPPE mit allen daraus folgenden mythologischen Verstrickungen beschreibt.

Shifting away mit all seinen Belastungen ist im Regelfall ein Ereignis, das jeder Azande-Bauer zwei- bis dreimal in seinem Leben durchstehen muß.

3.3 Flächenaufwendig und ertragsarm, Hindernis allen Fortschrittes

Zwei Folgerungen sind evident:

Busch-Feld-Wechselwirtschaft oder gar *shifting cultivation beansprucht eine vielfach größere Fläche pro landwirtschaftlicher Betriebseinheit als ein Dauerfeld-Nutzungssystem* und kann konsequenterweise nur eine relativ dünne Bevölkerung auf der Fläche tragen [M 13]. Und entgegen anderen Behauptungen *ist es eine sehr arbeitsaufwendige Wirtschaft*, wenigstens was den Effekt der aufgewandten Arbeitsenergie auf lange Sicht betrifft. Ein shifting-cultivator will mir erscheinen wie ein Mensch, der sich durch heftiges Abstrampeln gerade über Wasser hält und dabei keinen Meter vorwärts zu neuen Ufern kommt.

Dabei macht es kaum einen Unterschied, ob man diese Aussage auf die eigentliche shifting cultivation oder auf die bereits als Fortschritt gewertete Busch-Feld-Wechselwirtschaft bezieht. Es bringt sicher viele kulturelle und zivilisatorische Vorteile im Leben der

Landbevölkerung, wenn sie in geschlossenen Siedlungen mit Straßen- oder sogar Eisenbahnanschluß wohnt. Hinsichtlich des Landanspruches und der Tragfähigkeit des Raumes bringt die Abschaffung der Siedlungsverlegung aber noch keinen Fortschritt, wie sich in entsprechenden Aufnahmen von MORGAN in Zentral-Nigeria aus der Tatsache ergibt, daß in einem gewissen Stadium die Kulturflächen der Wechselwirtschaft in ringförmiger Anordnung zum Teil über drei Meilen vom Dorf entfernt auftreten, während die Zwischenzone von Buschbrache eingenommen wird [M14].

Alles wäre letztlich nicht so bedenklich, wenn bei diesem flächenaufwendigen Wirtschaftssystem auf den jeweils in Kultur genommenen Flächen die Erträge wenigstens so hoch wären, daß dadurch eine vertretbare Relation zum beanspruchten Gesamtareal hergestellt würde. Doch dem ist nicht so. Da es sehr schwierig ist, zunächst die Ernteerträge unter den vorauf genannten Bedingungen bei den Produzenten im Bereich der shifting cultivation statistisch zu erfassen und sie dann auch noch mit den ganz anderen Kulturgewächsen der Außertropen hinsichtlich ihres Ernährungswertes in Beziehung zu setzen, gibt es nur wenige zahlenmäßige Belege. Aber die Experten stimmen darin völlig überein, daß *in den Tropen pro ha Kulturfläche und Jahr weniger Nahrungsmittel produziert werden als in den Außertropen*, von dem in der Wechselwirtschaft beanspruchten Gesamtareal gar nicht zu reden. Zur Diskussion steht nur die Größe des Unterschiedes. Am besten lassen sich noch die Erträge von Mais untereinander vergleichen. GOUROU hat dafür Werte veröffentlicht die im Verhältnis von $1:1^1/_2$ bis 2 stehen. Auch die Abschätzung des Nährstoffwertes europäischer und nordamerikanischer Weizenernten sowie derjenigen aus Naßreiskulturen in den Tropen belegt, daß selbst diese intensivste tropische Art der Nahrungsmittelproduktion eine geringere Rendite liefert als die in den Außertropen. Da Trockenreis, der in Feld-Busch-Wechselwirtschaft angebaut wird, noch rund ein Viertel weniger an Ertrag liefert als Naßreis, kommt man auch auf diesem Wege wieder zu dem Ergebnis einer 50 bis 100 % geringeren Nahrungsmittelproduktion pro ha kultivierten Landes in den tropischen Trockenfeldbaugebieten [M15].

Sieht man all diese Fakten zusammen, so nimmt es nicht wunder, daß shifting cultivation mit ihrer geringen Produktivität pro Kopf der Beschäftigten und pro ha der Kulturfläche sowie dem niedrigen Anteil des Kulturlandes an der Gesamtfläche auf all jene, die sich mit den Ernährungsproblemen der Menschheit befassen, so ungefähr wie ein rotes Tuch wirkt. FAO-Experten haben es einmal so formuliert: *„Die shifting cultivation der feuchten Tropenländer ist das größte Hindernis für das schnellere Anwachsen der Agrarproduktion.“*

Aber muß man über die reine Agrarproduktion hinaus nicht eine lange Kette sozialökonomischer und kultureller Konsequenzen mit einkalkulieren? Meines Erachtens hat DE SCHLIPPE [s. M10] es richtiger ausgedrückt, wenn er feststellt (in Übersetzung): *„Das periodische Verlassen von Gehöft und Feld ist die wichtigste Eigenart der shifting cultivation und als eine traditionelle Begrenzung von allgemeiner Bedeutung ist es das größte Hindernis auf dem Weg allen Fortschritts in Afrika.“*

Nun fragt man sich natürlich seit langem, warum shifting cultivation oder Feld-Busch-Wechselwirtschaft trotz der offenkundigen Nachteile bis heute in solch großer Verbreitung in den Tropen betrieben wird, während sie in den Außertropen seit Jahrhunderten schon auf sehr kleine Areale und praktisch auf Grenzertragsböden beschränkt ist.

Der Tenor der Antworten, welche von den in der Öffentlichkeit dominierenden Wirtschafts- und Gesellschaftswissenschaften gegeben wird, ist – auf einen knappen Nenner gebracht – daß shifting cultivation eine Pionierform der Landwirtschaft ist,

Ausdruck einer bestimmten Entwicklungsphase, welche auch die meisten der leistungsstärkeren Landwirtschaften der Außertropen irgendwann in ihrer Geschichte einmal durchlaufen haben. Es werden auch alle möglichen Gründe dafür angeführt, daß shifting cultivation für die Frühphasen bei noch relativ geringem Bevölkerungsdruck die beste Form der Landnutzung sei, weil sie eine Optimierung der Rendite im Vergleich zum Arbeitsaufwand garantiere [ZA 8].

Ohne weiter auf Einzelheiten der vielschichtigen Diskussion um die shifting cultivation eingehen zu müssen, kann man wohl davon ausgehen, daß sie nach der vorherrschenden Auffassung als ein im ganzen zwar unzureichendes und deshalb mehr oder weniger bedauerliches, aber mit dem Fortschritt der sozial-ökonomischen Gesamtbedingungen in den Tropenländern auf alle Fälle überwindbares Relikt unterentwickelter Agrarkultur angesehen wird.

Aber was ist, wenn dieses „größte Hindernis auf dem Wege des Fortschritts" nicht in erster Linie die Folge verbesserungsfähiger Unzulänglichkeiten des wirtschaftenden Menschen bzw. unterentwickelter sozio-ökonomischer Bedingungen ist, sondern auf einen ökologisch begründbaren forcing factor, anders ausgedrückt auf einen mit autochthonen Mitteln nicht überwindbaren Zwang der Naturgegebenheiten zurückgeht, der in den Gebieten der Außertropen so nicht existiert?! Dann ist wohl die Folgerung zwangsnotwendig, daß die dafür verantwortlichen einengenden naturgeographischen Gegebenheiten ein Handicap für die Tropenbewohner mit all seinen Konsequenzen darstellen.

3.4 Waldbrache als ökologische Notwendigkeit. Schlüsselstellung der Böden

Das Vorhandensein eines solchen ökologisch begründbaren Zwanges zur shifting cultivation oder wenigstens Busch-Feld-Wechselwirtschaft in den Tropen abzuleiten, ist die Aufgabe der folgenden Ausführungen.

Unter den einleitend aufgeführten Beispielen regional-geographischer Koinzidenzen von Bevölkerungsverteilung und klimatischen oder geologischen Bedingungen wurde die Gliederung der Guineaänder in verschiedene Gürtel (belts) angeführt, wobei die relativ stärkere Bevölkerungskonzentration im Bereich der klimatisch ungünstigeren Trockensavanne besonders bemerkenswert war. Daß dies nicht vorwiegend auf außeragrarwirtschaftliche Einflußfaktoren zurückzuführen ist, sondern eine Konsequenz intensiverer agrarischer Besiedlung darstellt, zeigt die Tatsache, daß *die von der autochthonen Bevölkerung in Anspruch genommene agrarische Wirtschaftsfläche* [M 16] *ihren Schwerpunkt* nicht in den bezüglich der Wasserversorgung günstigeren Gebieten der natürlichen Feuchtwälder oder Feuchtsavannen, sondern *in der regenunsicheren Trockensavanne hat.* Dabei kann speziell die besonders starke Konzentration nahe der Trockengrenze des Feldbaus noch den zusätzlichen Hinweis auf das Bestreben der Menschen abgeben, bis an die äußerste Grenze tragbaren klimatischen Risikos vorzustoßen.

Zum gleichen Ergebnis intensiverer Flächenbeanspruchung in den trockeneren Teilen der afrikanischen Savanne kommt man durch eine regionale Ordnung der zahlreichen Einzelinformationen über die normale Abfolge von Anbau- und Brachperioden. Die feuchten Regenwälder gestatten nach Schlagen und Brennen trotz größerer Aschenausbeute aus ihrer relativ größeren Biomasse nur die relativ kürzeste Anbauzeit. Bei einem Verhältnis von 1:8 gegenüber 1:5 in den Trockensavannen beansprucht die Waldbrache der feuchten Tropen erheblich mehr an Fläche als die Trockenbusch- oder Kurzgrasbrache der Trockensavannen [M 12].

Die Tatsache, daß ausgerechnet dort die ausgedehnteren agrarischen Wirtschaftsflächen angelegt wurden, wo der eine der natürlichen Produktionsfaktoren, das Klima, schon nicht mehr optimale Bedingungen bietet, führt bei der Suche nach den Gründen zunächst konsequenterweise zum zweiten natürlichen Produktionsfaktor, dem Boden.

Wenn man die bereits zitierte zonale Abfolge der klimatischen Vegetationsgürtel vom Regenwald bis zur Wüste zusammensieht mit der *regionalen Verteilung der klimatisch bedingten zonalen Bodentypen*, wie sie GANSSEN und HÄDRICH auf Grund der intensiven Vorarbeiten besonders französischer Pedologen im Atlas zur Bodenkunde (Bibl. Inst. Mannheim) zusammengestellt haben, so kann man – eigentlich nicht überraschend – eine weitgehende Parallelisierung der beiden Geofaktoren Vegetation und Boden feststellen. Während der Bereich des immergrünen Regenwaldes beherrscht wird von den mehr oder weniger ausgeprägten ferrallitischen (nach Hauptkomponenten Eisen- (lat. ferrum) und Aluminiumverbindungen) Böden mit der petrographisch bedingten Abwandlung der Ferrisole, liegt das Verbreitungsgebiet der Trockensavanne über der Zone fersiallitischer (außer Eisen- und Aluminium- noch Siliziumverbindungen) Böden. Zur Dornsavanne hin gehen diese in braune und rotbraune Steppenböden über. Die weiter äquatorwärts gelegene Feuchtsavanne deckt sich fast genau mit dem Überschneidungsbereich von schwach ferrallitischen Böden des Regenwaldgebietes und den fersiallitischen Böden der Trockensavanne [M 2] [ZA 9].

Die auf relativ kleinen Arealen sonst noch vorkommenden sog. Vertisole bilden eine jener azonalen Ausnahmen, die auf spezielle Untergrundbedingungen zurückgehen, und auf die als Überprüfungsmöglichkeit der nun abzuleitenden allgemeinen Regeln später noch zurückzukommen sein wird.

Nun, die genannten klimatischen Bodentypen sind als solche systematisierte natürliche Systeme, deren wissenschaftliche Namen allenfalls beim Fachmann bestimmte Gedankenassoziationen zu ihrer ökologischen Bewertung – und dann auch nur im allgemeinen Sinne – zulassen, vorausgesetzt, man hat sich erst einmal durch die heillose nomenklatorische Verwirrung durchgekämpft, die auf dem Gebiet der tropischen Bodenkunde zur Zeit noch herrscht. Für eine naturwissenschaftliche Ableitung der ökologischen Bedeutung dieser Systeme bedarf es aber glücklicherweise weniger der nomenklatorischen Klarheit als einer Analyse der Funktionsmechanismen.

Von den zahlreichen Eigenschaften, welche die Qualität eines Bodens ausmachen, spielen im ökologischen System Klima–Boden–Pflanzenproduktion folgende drei eine entscheidende Rolle als limitierende Faktoren:

Der *Restmineralgehalt*, d.h. die nach der physikalischen und chemischen Gesteinsaufbereitung im sog. „Bodenskelett" verbliebene Menge an Mineralbruchstücken des Muttergesteins. Er ist die eigentliche Quelle der für das Pflanzenwachstum unabdingbaren mineralischen Pflanzennährstoff-Kationen wie u.a. Ca^{++}, Mg^{++}, K^{+}, Na^{+} oder P^{+++}.

Der *Gehalt des Oberbodens an Humusstoffen* [ZA 10]. Sie liefern zunächst beim schrittweisen Abbau der organischen Substanz eine gewisse Menge in ihr enthaltener mineralischer Nährstoffe, die beim sog. recycling wieder in den Nährstoffkreislauf der lebenden Pflanzen einbezogen werden können. Und außerdem ist die organische Materie mit ihren verschiedenen Huminsäuren gleichzeitig eine Trägerin der dritten entscheidenden Bodenqualität, nämlich der

Kationenaustauschkapazität, abgekürzt c.e.c. Sie ist die Fähigkeit des Bodens, ihm zugeführte Pflanzennährstoffe, die meist (positiv geladene =) Kationen sind, durch Anlagerung an bestimmte Bodenbestandteile vorübergehend zu speichern, zu sorbieren, um sie später an die Bodenlösung oder im Wirkungsfeld der Nährwurzeln der Pflanzen an diese abzugeben.

Als vereinbartes Maß für diese Fähigkeit wird das Milliäquivalent (m val) pro 100 g Bodensubstanz verwendet. Was diese Maßeinheit genau bedeutet, spielt im Ableitungszusammenhang keine wesentliche Rolle und kann übergangen werden [ZA 11].

Die mengenmäßig entscheidenden *Träger der Austauschkapazität sind neben* den bereits genannten *Humusstoffen die Tonminerale.*

Der Mensch mag nun alle möglichen, vor allem die hier gleich übergangenen Textureigenschaften der Böden im Interesse verbesserter Agrarproduktion manipulieren können; der die Pflanzennährstoffe tragende Restmineralgehalt läßt sich nicht erhöhen. Er ist eine nach oben unverrückbare naturgegebenen Größe, die auf dem Weg über Anbau und Entnahme von Nahrungsgewächsen nur verringert werden kann. Und der Versuch, den Mangel an natürlicherweise verfügbaren Nährstoffen durch künstlich zugeführte, also durch Düngung, zu ersetzen, findet seine Grenze an der Kationenaustauschkapazität des jeweiligen Bodens. Sie gibt die maximale Möglichkeit dessen, was ein Boden an zugeführten Nährstoffen pro Gewichtseinheit festhalten, was einem auf dem jeweiligen Boden fußenden ökologischen System also maximal zur Verwertung bereitgestellt werden kann. Alles, was mehr an künstlichem Dünger eingebracht wird, geht mit dem Regen- und Sickerwasser unverwertet durch den Boden und erscheint letztlich als unerwünschte Düngung in den Fließgewässern.

3.5 Die Rolle der Tonminerale als Nährstoffaustauscher

Einen der entscheidenden Fortschritte für das bessere Verstehen des ökologischen Funktionsmechanismus Klima–Boden–Pflanzenproduktion brachte in den letzten zwei bis drei Jahrzehnten die Erkenntnis der Bodenkundler und Mineralogen, daß es sich bei dem früher im wesentlichen nach Korngrößenkriterien (< 0,002 mm) abgegrenzten Bodenbestandteil Ton 1. zu einem erheblichen Teil um Mineralneubildungen handelt, die als Mikrokristalle erst im Zuge der Verwitterungs- und Bodenbildungsprozesse synthetisiert werden, daß es 2. verschiedene Tonminerale mit sehr unterschiedlichen physikalischen und chemischen Eigenschaften gibt und daß 3. die *Tonmineralneubildung* neben einer rezessiven Abhängigkeit von der chemischen Zusammensetzung des Ausgangsgesteines und der topographisch bedingten Bodendrainage *eine streng gesetzmäßige dominante Abhängigkeit von exogenen klimatischen Einflußfaktoren aufweist* [ZA 12].

Im Ableitungszusammenhang interessiert vor allem, welche Unterschiede zwischen den verschiedenen Tonmineralen bezüglich der im ökologischen Funktionsmechanismus als limitierender Faktor auftretenden Kationenaustauschkapazität bestehen und welche Abhängigkeit die Tonmineralneubildung vom Klima aufweist.

Entsprechende Untersuchungen haben zur ersten Frage ergeben, daß Zweischichten-Tonminerale der Kaolinit-Gruppe eine Austauschkapazität zwischen 3 und 15 m val/100 g solche der dreischichtigen Illit- und Chloritgruppen 10 bis 40 m val/100 g und schließlich die verschiedenen Montmorillonite 60 bis 150 m val/100 g Tonsubstanz haben. *Kaolinite sind also rund dreimal schwächere Austauscher als Illite und Chlorite.* Die Differenz zu den sehr austauschstarken Montmorilloniten beträgt rund eine Zehnerpotenz. Huminsäuren haben Austauschkapazitäten in derselben Größenordnung wie die Montmorillonite.

Bezogen auf natürliche Böden hängt die in ihnen steckende Austauschkapazität nach dem bisher Dargelegten also 1. vom Gehalt an Huminsäuren, 2. vom Mengenanteil der Tonsubstanz in den verschiedenen Bodenhorizonten und 3. von der Art der vertretenen Tonminerale ab.

3.6 Klimaabhängigkeit der Tonmineralbildung

Hinsichtlich der Frage der Klimaabhängigkeit der Tonmineralneubildung wußte man schon seit langem, daß unter den Klimabedingungen der voll- und semihumiden Tropen nicht nur besonders tiefgründige, skelett- und restmineralarme, steinfreie Feinerdeböden entstehen, sondern auch, daß selbst bei mineralogisch gleichem Ausgangsgestein das Endergebnis von Verwitterungs- und Bodenbildungsprozessen eine ganz andere chemische Zusammensetzung aufweist als in den Außertropen [M17]. Während z.B. in Großbritannien das prozentuale Verhältnis der chemischen Hauptkomponenten im Verwitterungsmantel eines Doleritbasaltes nicht sehr verschieden von demjenigen im Ausgangsgestein ist, fehlt unter den Bedingungen tropischer Roterdebildung im Extremfall neben allen chemischen Substanzen, die als Pflanzennährstoffe in Frage kommen, auch noch fast die gesamte Kieselsäure (SiO_2). Man bezeichnet den Vorgang als „*Desilifizierung*" und den *Unterschied* im Ergebnis als den *zwischen siallitischer Verwitterung in den humiden Außertropen und allitischer in den feuchten Tropen.* In welchen Bestandteilen des Bodens sich die Desilifizierung letztlich manifestiert und welche folgenschwere Veränderung der Materialeigenschaften damit verbunden ist, hat aber eigentlich erst die Anwendung der Elektronenmikroskopie auf die Strukturanalyse der Bodenbestandteile in den letzten 20 Jahren ans Licht gebracht. Die vollständige mineralogische Analyse des Verwitterungsmantels eines ganz ähnlichen Gesteins wie des vorher herangezogenen Doleritbasaltes zeigt an der feucht-tropischen Malabarküste Indiens, daß die Tonfraktion vom austauscharmen Zweischichten-Tonmineral Kaolinit beherrscht wird. Sonst kommt noch das Eisen-Hidroxid-Mineral Goethit und ein bißchen Illit vor. Entsprechend niedrig sind mit maximal 7,0 in den obersten 25 cm und 4,2 bis 4,5 m val/100 g in den tieferen Schichten die Werte der Austauschkapazität [M18].

Inzwischen liegen aus vielen Teilen der Tropen Analysen in ausreichender Zahl vor, die folgende gesicherte Verallgemeinerung hinsichtlich der klimabedingten Differenzierung der Bodenbildung in den feuchten Tropen einerseits und humiden Außertropen andererseits erlauben [s. Fig. M19]:

In den Außertropen reichen die Verwitterungstiefen im Normalfall mehrere Dezimeter, zuweilen 1 bis $1^1/_2$ m unter die Oberfläche. In den Tropen sind es immer mehrere Meter, nicht selten mehrere Zehner von Metern. Das von der Verwitterung gebildete Material besteht in den Tropen fast ausschließlich aus steinlosem Feinlehm, einem Gemisch von Feinsand, Schluff und Ton, in welchem der Anteil an noch nicht chemisch umgesetzten Restmineralen des ursprünglichen Gesteins sehr gering ist. Für die Außertropen ist dagegen charakteristisch, daß bis an die Bodenoberfläche die mehr oder weniger stark zerkleinerten Reste des Ursprungsgesteins mengenmäßig deutlich in Erscheinung treten. Da die chemisch noch nicht zersetzten Gesteinsreste die wichtigsten Nährstoffe der Pflanzen in ihrer mineralischen Verbindung enthalten, stellt der Restmineralgehalt eines Bodens einen wesentlichen Nährstoffvorrat dar, der im Laufe der Zeit für die Vegetation in Wert gesetzt werden kann. *Tropenböden sind als Folge rund hundertfach schneller ablaufender chemischer Verwitterung „verarmt, ausgewaschen"*, wie man sagt [ZA 13]. Und schließlich bestehen die Tonminerale in außertropischen Böden im Normalfall aus einem Bouquet regional wechselnder Zusammensetzung aus Illiten, Chloriten und Montmorilloniten, also den relativ siliziumreichen Zwischenstadien der Tonmineralentwicklungskette, während *in den Tropen die kieselsäurearmen Endprodukte Kaolinit und Gibbsit absolut dominieren.* Relativ hohe tonmineralgebundene Kationenaustauschkapazitäten dort und niedrige in den feuchten Tropen sind die damit notwendig verbundenen Folgen.

Zum Beleg dieser Verallgemeinerungsmöglichkeit sei angeführt, daß man sich unter den Bodenkundlern trotz aller sonstigen nomenklatorischen und systematischen Wirren darauf zu einigen scheint, die Böden der perhumiden und humiden Tropen, also die Ferrallite der französischen Schule bzw. die Oxisole der Engländer und Amerikaner unter dem Oberbegriff der „Kaolisole" zusammenzufassen.

3.7 Wurzelpilze sichern den tropischen Regenwald

Wenn nun die *Kaolisole der feucht-warmen Tropen arm an Restmineralen und Austauschkapazität* sind, dann interessiert für die weitere ökologische Ableitung zunächst die Frage, wo die noch vorhandenen Nährstoffe und Austauschkapazitäten im Bodenprofil lokalisiert sind. Mikrostratigraphische Auswertungen, beispielsweise die von van Baren [M 20] aus Äthiopien, zeigen ganz deutlich um ein Vielfaches höhere Werte an austauschbaren Kationen in den obersten 15 Bodenzentimetern als in den tieferen Schichten. Und aus chemischen Untersuchungen Sombroeks ergibt sich, daß die Austauschkapazität amazonischer Böden sich mit wachsendem Tongehalt kaum verändert (Werte schwanken zwischen 2 und 4 m val/100 g), hingegen mit wachsendem Kohlenstoffgehalt, d. h. also mit wachsendem Gehalt an Material organischer Herkunft, in eindeutiger Weise rasch zunimmt (30–40 m val/100 g Boden bei 3–4 % Kohlenstoffgehalt) [M 21].

Daraus ist die Information zu ziehen, daß sowohl die *tatsächlich vorhandenen austauschbaren Kationen als auch das potentielle Austauschvermögen* für evtl. zugeführte Nährstoffe bei Böden der feuchten Tropen 1. *an wenige oberflächennahe Zentimeter und* dort 2. *im wesentlichen an organische Materie* oder deren Mineralisierungsprodukte *gekoppelt* sind. Mehr oder weniger großer Gehalt an Tonsubstanz spielt eine untergeordnete Rolle, weil ihre Austauschkraft pro Mengeneinheit so klein ist.

Bei den in dem in Frage stehenden Klimabereich der feuchten Tropen auftretenden hohen Niederschlägen muß diese Lokalisierung eigentlich zusätzlich zur Auswaschung die Gefahr der Erosion, des Kationenverlustes, durch oberflächlich abfließendes Wasser implizieren. Sioli und Mitarbeiter vom Max-Planck-Institut für Hydrobiologie und Tropenökologie haben die Probe aufs Exempel durch systematische *Analysen amazonischer Fließgewässer* gemacht. Das Ergebnis war zunächst überraschend, fügt sich aber inzwischen sehr gut in einen ökologisch schlüssigen Zusammenhang.

Im Bereich unberührter, nicht durch Rodungsunternehmen gestörter Einzugsgebiete hat das Wasser von Bächen und Flüssen fast keinen Gehalt an mineralischen Nährstoffen. Etwas überspitzt ausgedrückt zeigen autochthone, über tropischen Tieflandsbereichen zusammenlaufende Fließwässer wesentlich mehr Ähnlichkeit mit reinem Regenwasser als mit Bach- oder Flußwasser der Außertropen. Nach neueren Messungen (Anonymous, 1972) kann man z. B. für das Einzugsgebiet des Rio Negro sogar davon ausgehen, daß „die

Nährstoffgehalte des Niederschlags jene der Gewässer oft erheblich übertreffen" (KLINGE in Anonymous, 1972). Ausdrücklich auszunehmen sind die Verhältnisse im Bereich der sog. Weißwasserflüsse, die allerdings Fremdlingsflüsse in dem Sinne sind, daß sie ihre suspendierte Fracht aus der Bodenabspülung über den Gebirgsflanken abseits der tropischen Tieflandswälder beziehen und durch ihre korrespondierenden Ablagerungen ökologische Ausnahmegassen oder Ausnahmegebiete formieren, auf die noch zurückzukommen sein wird. Schwarzwässer hingegen, deren hoher Gehalt an austauschstarken Huminsäuren eigentlich die Mitführung von Kationen vermuten läßt, sind ebenfalls sehr arm an anorganischen Mineralstoffen [ZA 14].

Die Erklärung für die *überraschend geringe Mineralabfuhr aus tropischen Wäldern* ist noch jünger als die Erkenntnis über Struktur und physiko-chemische Eigenschaften der Tonminerale. Sie stammt von Botanikern und Pflanzenökologen durch die Entdeckung der *Mycorrhizae und* des *Wurzelmutualismus der Regenwaldgewächse.*

Mycorrhizae, frei übersetzt „Wurzelpilze", sind Bodenpilze, welche sich in Form von Geflechten, Mänteln oder Anhäufungen rund um die Wurzeln tropischer und außertropischer Bäume legen, zum Teil in die Cortex der Wurzeln eindringen und mit den höheren Pflanzen in Form eines Mutualismus, eines Dienstes auf Gegenseitigkeit, leben. Die Pilze bekommen die lebensnotwendigen Photosyntate von der Pflanze und helfen dafür dieser in zweifacher Weise, ihre Nährstoffversorgung über mineralarmen Böden zu sichern. Nach den Untersuchungen von WILDE (1968) transformieren manche Mycorrhizae Mineralverbindungen, die sonst den Pflanzen nicht zugänglich sind, in solche, die von den Wurzeln aufgenommen werden können. Das betrifft insbesondere das Phosphor, sowieso ein Mangelelement in vielen tropischen Urwaldböden. Vor allem aber wirken die *Pilze als „nutrient traps"*, als lebende Nährstoff-Fallen. Wenn man in Experimenten mycorrhizaedurchsetzten Böden Lösungen mit radioaktiv markierten Nährelementen zugesetzt hat, konnte man an dem Weg der sog. tracer vor dem Röntgenschirm verfolgen, wie der größte Teil davon binnen kurzem in die Pilzmasse aufgenommen und später langsam für die Pflanzenwurzeln freigesetzt wurde und in die Pflanzen wanderte [ZA 15].

Diese jüngsten Entdeckungen trugen entscheidend dazu bei, zunächst den scheinbaren Widerspruch zwischen der eindeutig nachweisbaren hohen Produktionskraft natürlicher tropischer Waldgesellschaften und der ebenso klar beweisbaren Produktionsschwäche bei Nahrungsgewächsen zu verstehen, die man anstelle des Waldes anpflanzt.

Im unberührten tropischen Wald funktioniert die Biomassenproduktion in einem direkten Mineralkreislauf, „direct mineral cycling", wie ihn WENDT und STARK (1968) genannt haben [M 22]. Dabei stecken von dem im System Boden + Vegetation enthaltenen Gesamt-Nährstoffvorrat außer drei Viertel des Kohlenstoffs und mehr als der Hälfte des Stickstoffs auch die deutlich größeren Anteile an Phosphor, Kalium, Kalzium und Magnesium in der Biomasse einschließlich der Waldstreu über der Erde. Durch Regenauswaschung und niederfallende abgestorbene Pflanzensubstanz werden die mineralischen Nährstoffe über die Waldstreu und deren Zersetzung zum Boden gebracht, hier aber bereits in den obersten Schichten in der Nährstoff-Falle der Mycorrhizae abgefangen, um auf kurzem Weg wieder in die Biomasse zurückzugelangen. So weit ist es noch ein geschlossenes System ohne Nettoproduktion. Durch die Zufuhr kleiner Mengen neuer Nährstoffe von außen über den Regen und in geringem Maße auch aus der Mineralverwitterung in den tieferen Bodenschichten kann zusätzlich noch eine Nettorücklage erfolgen, die nur deshalb relativ groß bleibt, weil der *Nährstoffverlust durch Auswaschung extrem klein gehalten* wird.

Als sichtbare Auswirkung und Bestätigung dieses direkten Mineralkreislaufes muß man die Tatsache werten, daß nach Untersuchungen von GREENLAND und KOVAL (1960) im Regenwald Ghanas über 80 % der gesamten Wurzelmasse in den obersten 30 cm des Bodens, in Amazonien nach KLINGE und FITTKAU (1972) über 70 % der Feinwurzelmasse bis 45 cm Tiefe konzentriert sind. Und die für Urwaldriesen charakteristischen Planken- und Brettwurzeln muß man wohl so interpretieren, daß auf diese Weise Standsicherheit und extremer Flachwurzelteller am besten miteinander kombiniert werden können.

Nach KLINGE und FITTKAU (1972) trägt außerdem zu dem geringen Nährstoffverlust die spezielle Struktur der Vegetationsformation bei. Vertikalaufbau in mehreren Straten, Anhäufung von Arten und Individuen in den unteren Stockwerken, starker Besatz mit Epiphyten, dichter Flechtenüberzeug aller Stämme und Äste sowie Konzentration der Wurzelmasse nahe der Bodenoberfläche wirken zusammen, um die mit dem Regenwasser zugeführten und mit dem Tropfwasser ausgewaschenen Nährstoffe bereits abzufangen, bevor sie in den Mineralboden gelangen können. Die gesamte *Formation ist nach den Autoren wie ein Filtersystem aufgebaut* [ZA 16].

3.8 Rodungsfolgen in den Tropen bzw. den Außertropen

Wird nun der Wald geschlagen und gebrannt, so wird der im Naturzustand gegen Verlust abgesicherte Kreislauf an der entscheidenden Stelle aufgerissen. Die oberflächennahe Humussubstanz wird zum großen Teil direkt zerstört und die tiefer reichenden Mycorrhizae sterben bald ab. Mit den verbrannten Humusstoffen verliert der Boden den an der Oberfläche konzentrierten und durch den in den Tropen sehr rasch ablaufenden Abbau organischer Stoffe [s. ZA 10] sehr bald auch den etwas tiefer lokalisierten entscheidenden Teil seiner Austauschkapazität. Mit den Mycorrhizae werden die Nährstoff-Fallen beseitigt, die Mineralabfuhr über die Erosion kann verstärkt einsetzen. Des weiteren erlaubt die Kurzlebigkeit der eingebrachten Kulturgewächse keinen Neuaufbau der Pilzwurzelflora, welche dem Nährstoffverlust wenigstens bald wieder Einheit gebieten könnte. Wahrscheinlich ist gegenüber der Verarmung des Systems auf dem Wege der Auswaschung die zusätzliche durch Ernteentnahmen sogar als verhältnismäßig klein anzusehen. Abhilfe kann nur die Rückkehr zu quasinatürlichen Zuständen in Form des Sekundärwaldes während jahrelanger Brachperioden schaffen.

Daß in den Waldgebieten der feuchten Außertropen geklappt hat und weiterhin klappt, was offensichtlich in den humiden Tropen nicht geht, liegt in der Anfangsphase des Dauerfeldbaues an der völlig anderen Verteilung des Gesamtnährstoffvorrates im System Boden-natürlicher Wald und beim weiteren Ausbau unserer Agrarnutzung an der für kulturtechnische Maßnahmen viel günstigeren Tonmineralausstattung außertropischer Böden. *Im normalen außertropischen Wald-Boden-Ökosystem* ist bei fast gleicher Gesamtmenge an organischem Kohlenstoff, wie ihn vergleichbare tropische Systeme aufweisen, weit über die Hälfte in der Streu und im Boden enthalten. Beim Stickstoff und bei den wichtigsten anorganischen Mineralstoffen sind es sogar rund 90 %. *Der weitaus größte Anteil des Mineralstoffvorrates* liegt also im Gegensatz zu den tropischen Waldgebieten *im physikalischen Teil des natürlichen Ökosystems und bleibt dort unberührt erhalten, wenn der biologische Teil, der Wald, beseitigt wird.* Auf den freigemachten Flächen kann dann die Nährstoffpflanzenmonokultur erst einmal von dem relativ großen Vorrat zehren. Wie lange, das hängt zwar im einzelnen von der nachschaffenden Kraft des Bodens ab; jedenfalls ist es um ein Mehrfaches günstiger als in den Tropen. Bei der bis zum Beginn der Neuzeit praktizierten düngerlosen Dreifelderwirtschaft genügte beispielsweise nach zwei Anbauperioden nur ein Brachjahr, um die Parzelle wieder erfolgreich bestellen zu können.

Beim Übergang zur Intensivwirtschaft, erst durch natürliche und später durch künstliche Düngung, kam dann der *zweite Vorteil der außertropischen Mineralböden* gegenüber den feuchttropischen zum Tragen: *ihre natürliche Ausstattung mit austauschstarken Tonmineralarten.* Die Austauschkapazität brauner Waldböden in Europa beträgt in den obersten 30 cm größenordnungsmäßig um die 20–25 m val/100 g Feinboden. Bei ferrallitischen Böden der feuchten Tropen sind es dagegen meist nur um 5, in sehr günstigen Gebieten bis 9 m val [M23].

Als direkte Folge davon ist die Erfahrung anzusehen, daß *Düngungsversuche* im Bereich der tropischen Wald-Feld-Wechselwirtschaft *über ferrallitischen Böden* sehr unterschiedlich, im großen und ganzen aber doch *enttäuschend*, ausgelaufen sind. Bezeichnend ist ein Beispiel, das Nye und Stevens (1960) als Befürworter der künstlichen Düngung auf Grund jahrelanger Versuche anführen: Durch permanente Volldüngung zur Aufrechterhaltung des Nährstoffniveaus im Boden konnte in Ghana eine Rotation Mais–Cassava acht Jahre lang mit dem Ergebnis aufrecht erhalten werden, daß am Ende nur ein Ertragsrückgang von 32 % bei Mais und 22 % bei der Cassava eingetreten war. Aus der Sicht außertropischer Landwirtschaft ist das wohl ein mageres Ergebnis für den kostspieligen Aufwand. Torndeur zieht aus ähnlichen Versuchen im Kongo den Schluß, daß die Pflanzen keine positive Reaktion auf Gaben löslichen Kunstdüngers zeigen, da die Nährsalze zu schnell ausgewaschen werden, als daß sie einen günstigen Effekt erzielen könnten [M24].

Zusammenfassende Konsequenz: Mit der voraufgegangenen Argumentation ist wohl erst einmal sicher abgeleitet, daß die *feuchten inneren Tropen für die Produktion von Nahrungsmitteln in Form von Monokulturen kurzlebiger Getreide- oder Knollengewächse wesentlich ungünstiger als die außertropischen Waldregionen sind und daß das Fortbestehen von shifting cultivation oder Busch-Feld-Wechselwirtschaft nicht das Ergebnis menschlicher Unzulänglichkeiten sondern natürlicher Bedingungen ist. Unter den vorherrschenden pedologischen Gegebenheiten ist Busch-Feld-Wechselwirtschaft die optimale Möglichkeit, wie viele Bodenkundler und Ökologen seit langem behaupten.*

3.9 Fruchtbare Ausnahmegebiete der feuchten Tropen

Die *Ausnahmen von der Regel* lassen sich relativ schnell plausibel machen. Sie treten vor allem *überall dort* auf, *wo den Böden permanent neuer Restmineralgehalt zugeführt wird*, der durch die schnell ablaufende Verwitterung aufgeschlossen werden kann. Das geschieht einerseits in den *Gebieten rezenten Vulkanismus durch Aschendüngung* bei Vulkanexplosion. Ist der Untergrund zudem noch aus relativ jungen basischen Vulkaniten zusammengesetzt, wirken vulkanische Mineraldüngung und Basisverwitterung am Gestein dahingehend zusammen, daß relativ nährstoffreiche und austauschstarke, im ganzen also fruchtbare „Andosole" entwickelt werden. Andererseits können *Weißwasserflüsse mit ihren periodischen Überschwemmungen* Rohböden mit feinstratigraphischen Mineralneuauflagen schaffen. Beide bodengeographische Vorzugsgebiete zeichnen sich dadurch aus, daß die Feld-Busch-Wechselwirtschaft überwindbar ist. Die größten Teile solcher azonalen Bodenprovinzen befinden sich innerhalb des tropischen Regenwaldgürtels auch bereits unter Dauerkulturen, wie die eingangs zitierten Gebiete in Ostafrika bzw. die Dammufer entlang tropischer Tieflandströme im Kongo- und Amazonasbecken mit ihren relativ hohen Bevölkerungsdichten beweisen. Ein besonders lehrreiches Beispiel ist Java im Vergleich zum dünn besiedelten Sumatra oder Borneo [ZA 17].

Aber auch *stark hängige Geländeteile* sind gegenüber weniger reliefierten feuchttropischen Hügelländern bevorzugt. Zwar sieht man dort überall die Folgen oft verheerender Bodenabspülung, doch wird durch diese gleichzeitig permanent frische Gesteinssubstanz des Untergrundes in den Aufbereitungsprozeß einbezogen, was den *Gebirgs-Skelettböden* einen relativ hohen Gehalt an mineralischer Restsubstanz mit den daraus verwertbaren Pflanzennährstoffen garantiert. *Tropengebiete mit einem großen Flächenanteil von Hochgebirgen sind folglich im Endeffekt Vorzugsgebiete agrarwirtschaftlicher Aktivität,* da einerseits die Gebirgs-Skelettböden und andererseits die korrespondierenden Rohböden über dem von den Flüssen wieder abgelagerten Abtragungsmaterial bessere Produktionsbedingungen liefern, als die in situ tiefgründig aufbereiteten und in langer Bildungsgeschichte verarmten Kaolisole tropischer Flachländer. Nicht ohne natürlichen Grund konzentrieren sich *zwei Drittel der Tropenbewohner im asiatischen Teil mit seinen Hochgebirgen, Stromebenen und Vulkanlandschaften.*

Schließlich gibt es noch sehr kleinräumig auftretend sog. „*Vertisole*", die ihre Bildung der Zusammenschwemmung toniger Feinsubstanz und periodischer Überstauung durch stehendes Wasser in kleinen Hohlformen des Geländes verdanken. Von daher zeichnen sie sich durch hohen Humusgehalt und Dominanz von austauschstarkem Montmorillonit in der Tonsubstanz aus, beides ausnehmend günstige Eigenschaften, die aber systemnotwendig mit sehr schlechten physikalischen Eigenschaften und Bearbeitungsschwierigkeiten verbunden sind, die den „Minutenböden" der Außertropen durchaus adäquat sind. Mit dem Grabstock allein ist ihnen nicht beizukommen. Erst maschineller Bearbeitung sind sie zugänglich [ZA 18].

3.10 Potentiell fruchtbare Böden in tropischen Trockengebieten

Die bisherigen Aussagen bezogen sich alle auf die inneren, dauernd feuchten Tropen mit ihren stark ferrallitischen Kaolisolen. Im folgenden sollen nun der zonale Wandel der Bodentypen im Zusammenhang mit dem entsprechenden Klimawechsel sowie die daraus zu ziehenden Konsequenzen dargelegt werden.

Mit wachsender Trockenheit nimmt die Wirksamkeit der chemischen Verwitterung ab. Als Folge davon wird die Aufbereitungstiefe der Böden geringer, ihr Gehalt an Bodenskelett und Restmineralen größer. Die Desilifizierung, die Kieselsäurelösung, ist weniger intensiv mit der Folge, daß in der Tonsubstanz der Anteil der austauschstärkeren Drei-Schichten-Tonminerale auf Kosten der zweischichtigen Kaolinite zunimmt. *Die fersiallitischen Böden im Bereich der Kurzgras- oder Trockensavannen besitzen über vergleichbaren Ausgangsgesteinen* wegen der genannten, klimatisch bedingten Veränderungen vom Boden her gesehen *eine wesentlich größere potentielle Fruchtbarkeit als die Regenwald- oder auch die Feuchtsavannengebiete.* Selbst für die Dornsavannen mit ihren flachgründigen braunen und rotbraunen Erden muß man das noch annehmen. Aber letztere liegen bereits jenseits der klimatischen Grenze möglichen Trockenfeldbaues. Am Nordsaum der Trockensavanne reichen zwar im Mittel noch die Regenmengen, doch ist deren Veränderlichkeit und Unsicherheit von Jahr zur Jahr extrem groß [s. M 1].

Im regionalen Wandel vom Regenwald zur Trockensavanne verhalten sich also die entscheidenden natürlichen Faktoren Bodenqualität und Wasserdargebot gegensinnig in ihrer Wirkung auf die agrarischen Produktionsmöglichkeiten, wobei aus der bereits diskutierten Tatsache, daß das Maximum des in Kultur genommenen Anteils an der Gesamtfläche im Bereich der Trockensavanne liegt, der Schluß gezogen werden kann, daß die Bodenqualität vom shifting cultivator höher geschätzt wird als Klimasicherheit. Gerade das hat zusammen mit den für diesen Bereich inzwischen nachgewiesenen mittelfristigen Klimaschwankungen die besonders große Gefahr von Hungerkatastrophen zur Folge. In der relativ feuchten Phase wird nämlich unter dem wachsenden Bevölkerungsdruck die Feldbaugrenze immer weiter gegen die Dornsavanne vorgetrieben. Das geht z. B. 10–15 Jahre lang gut, die Bevölkerung wächst, bis dann die trockene Phase den – von den Theoretikern im fernen Europa zwar vorausgesehenen, für die Beteiligten selbst aber nicht begreifbaren – Rückschlag mit seinen verheerenden Konsequenzen bringt. Die Vorgänge aus jüngster Vergangenheit in der Sahel-Zone sind ein mahnendes Beispiel [M25].

So weist also auch die *Trockensavanne ihre naturgegebene Limitierung auf, bestehend* zunächst *in der normalen Restriktion des Anbaues wegen der kurzen Niederschlagszeit,* während in der von den thermischen Bedingungen her durchaus nutzbaren Trockenzeit die Flächen brach liegen müssen. Außerdem fällt *wegen der Variabilität der Regen* wenigstens eine unter jeweils drei bis vier Ernten unzureichend schmal aus, und schließlich muß jede Generation der Menschen wegen der Klimaschwankungen noch mindestens einmal eine todbringende Hungerkatastrophe wegen wiederholter Mißernten durchmachen.

Der Ausweg wäre: Übergang zu künstlicher Bewässerung. Faktum ist aber, daß *in den wechselfeuchten Tropen* südlich der Sahara *künstlich bewässerte Kulturflächen nur einen verschwindend kleinen Prozentsatz an der gesamten Nutzfläche ausmachen* [s. Karte unter M 8]. Ein Bewässerungsgebiet am Senegal, eines am Niger und ein drittes im Tschad, mehr gibt es im Bereich der Trockengebiete des westlichen und mittleren Sudan nicht. Dabei sind alle genannten Einrichtungen relativ neuen Datums. Im Gegensatz dazu ist der subtropische Maghreb nördlich der Sahara schon seit langer Zeit gespickt mit Staudämmen und charakterisiert durch ausgedehnte Bewässerungskulturen. *An der Menge der Niederschläge kann's nicht liegen*, wie man erst einmal vermuten würde. In den nordafrikanischen Gebieten sind diese nämlich mit 250 bis 500 mm im Jahr gegenüber den 600 bis 800 mm in der Trockensavanne deutlich geringer [ZA 19].

3.11 Staudämme technisch extrem schwierig

Mit der Frage *Staudammbau und künstliche Bewässerung* ist eine weitere naturgeographische Problematik tropischer Umweltbedingungen verbunden, diesmal *regionalisiert auf die Halbtrockengebiete der äußeren Tropen.* Sie läßt sich am eindrucksvollsten am *Beispiel des Dekkan-Plateaus Vorderindiens* darlegen. Besonders der nördliche Teil (Bundesstaaten Maharaschtra und Madhya Pradesh) weist über einem Gesteinsuntergrund aus Trapp-Basalt über ausgedehnten Gebieten relativ mineralreiche, zum Teil ausgesprochen fruchtbare Böden auf. Anstatt Busch-Feld-Wechselwirtschaft wird dementsprechend Dauerfeldbau betrieben. Die ländliche Bevölkerungsdichte ist mit 100 bis 120 Menschen pro km^2 besonders groß. Aber das Monsunklima läßt nur eine Ernte im Jahr zu, weil die Regenzeit auf vier bis fünf Monate beschränkt ist. Insgesamt fallen zwar noch 800 bis 1200 mm Niederschlag, doch fließt der größte Teil ungenutzt ab, da die Zahl der Regentage mit 40–70 relativ klein ist. Bevölkerungsdruck und ungünstige Verteilung der Regen mit der Gefahr von Dürren machten die Einführung künstlicher Bewässerung seit Generationen dringend notwendig. Trotzdem beträgt die bewässerte Fläche bis in die Gegenwart in den Binnenstaaten weniger als 5 % der Kulturfläche. In Andra Pradesh und Orissa sind's rund 20 % [M26].

Eine Zusammenstellung ROUVÉs von 1965 über die Wasserwirtschaft Indiens zeigt, daß bis 1961 im Dekkan-Plateau 40 Staudämme bestanden. Von diesen waren 29 erst nach 1951 erstellt worden. Inzwischen sind noch einige wenige hinzugekommen und vier Fünfjahrespläne der indischen Regierung sollen in Zukunft die bewässerbare Fläche drastisch erhöhen [s. M29].

Man fragt sich aber doch, warum das erst jetzt passiert, wo doch schon seit Jahrhunderten die Notwendigkeit zum intensiveren Ausbau der Landnutzungsfläche besteht. Die in Indien populäre Antwort auf diese Frage, daß nämlich die englische Kolonialverwaltung sich nicht für das Problem interessiert hätte, kann natürlich nicht befriedigen, da vor der Okkupation Indiens durch die Engländer bereits die Möglichkeit zur Anlage künstlicher Staudämme hätte genutzt werden können. Der Grund liegt tiefer. Wenigstens *einer der ausschlaggebenden Gründe dafür, daß allgemein in den wechselfeuchten Tropen die Zahl der Bewässerungsanlagen so bemerkenswert gering ist, stellt die klimagenetisch mit diesen Zonen verbundene Gestaltung des fluvialen Abtragungsreliefs dar.* Dieses Relief erfordert zusammen mit den in der gleichen Kausalkette wirkenden hydrologischen Bedingungen beim Bau von Staudämmen einen vielfach höheren technischen Aufwand und ergibt nach Fertigstellung ein vielfach ungünstigeres Cost-Benefit-Verhältnis als vergleichbare Projekte in den wechselfeuchten Winterregensubtropen zum Beispiel.

Um die naturgeographischen Randbedingungen in den wechselfeuchten Tropen ganz zu verstehen, müssen also noch die *Charakteristika der Erdoberflächengestaltung* herangezogen werden. In der modernen klimagenetischen Geomorphologie werden diese Gebiete nach dem Vorschlag von Julius BÜDEL als die *„Randtropische Zone excessiver Flächenbildung“* bezeichnet [ZA 20].

Wir Bewohner der Außertropen halten es für eine Selbstverständlichkeit, daß die Täler aller großen Flüsse in die Gebirgskörper eingeschnitten sind und daß man z. B. auf dem Rhein per Schiff von Rotterdam quer durch das Hindernis des Rheinischen Schiefergebirges nach Mannheim oder nach Basel gelangen kann. Wir übertragen das auch wie selbstverständlich auf andere Länder der Erde. Aber das ist falsch. Wo auf vielen Atlaskarten wechselfeuchter Tropengebiete Täler dargestellt sind, da gibt es die gar nicht. Auch auf dem mittleren und östlichen Dekkan-Plateau fließen die großen Ströme nicht in Tälern unserer Vorstellung, also eingeschnitten in mehr oder weniger engen, langgestreckten Hohlformen, sondern in extrem flachen und weiten Mulden auf dem Gebirgskörper. Gleichzeitig ist ihr Längsgefälle um ein Mehrfaches steiler als das außertropischer Flüsse vergleichbarer Größe. Die Tatsache wissen die Geographen seit über 30 Jahren. Sie konnten sie aber nicht erklären, bis die Vorgänge bei der allitischen Verwitterung geklärt waren und Experimente im Strömungslaboratorium der Universität Uppsala sowie gezielte Feldforschungen in vielen Teilen der Welt die ablaufenden Prozesse sowie die Zusammenhänge mit dem Klima besser zu durchschauen gestatteten. Inzwischen können die Geomorphologen schon halbwegs sicher beweisen, daß in den wechselfeuchten Tropen im Zusammenwirken von Verwitterung, Spülvorgängen an flachen Hängen und Sedimenttransport in den Flüssen *keine echten Täler* geschaffen werden können, sondern flächenhafte Tieferlegung dominiert, auch wenn das Gelände 500 bis 1000 m über dem Meeresspiegel liegt. Begrenzte Ausnahmen gibt es dort, wo Teile der Erdkruste einer fortdauernden kräftigen Hebung unterworfen sind, wie in jungen Hoch- oder aktivierten Horsten alter Grundgebirge. Beides liegt im Dekkan-Plateau ebensowenig vor wie in den Sudanländern.

Nach entsprechenden topographischen Detailaufnahmen, die LOUIS und WILHELM durchgeführt haben, muß man sich das sog. „Flachmuldental" eines Flusses von der Dimension des Rheines in den wechselfeuchten Tropen so vorstellen, daß von den Flußufern aus das Gelände jeweils auf 30 bis 50 km Horizontalentfernung so flach ansteigt, daß bei einem Horizontalabstand zwischen den begleitenden Wasserscheiden von rund 80 km die „Taltiefe" nur 200 bis 300 m beträgt [ZA20]. Solche Hohlform erkennt im Gelände niemand mehr als Flußtal, und es dürfte nicht schwer fallen, sich auszumalen, welche Dimensionen ein Staudamm haben muß, der quer durch ein solches Tal gebaut werden soll.

Die Techniker suchen sich natürlich die günstigsten topographischen Verhältnisse heraus. Aber auch dann ist z.B. der Hirakud-Staudamm am Mahanadi [M27 und M29] im nördlichen Dekkan-Plateau bei einer maximalen Höhe von 64 m insgesamt 26 km lang. Mehr als 1 Mill. m^3 solider Stein- und Betonmasse und rund 17 Mill. m^3, also ca. 2 Mill. Lastwagenladungen, kompaktierten Lehms waren zu seinem Bau notwendig.

Alle möglichen Schwierigkeiten bei der Verwirklichung eines solchen Projektes mag eine Gesellschaft mit Hilfe des Faktors Zeit überwinden. Für die eine entscheidende und letztlich limitierende geht das nicht. Sie wird wieder vom Klima bestimmt, diesmal in Form der *Periodizität der Wasserführung der zu bändigenden Flüsse.* Im Mahanadi fließen im Staudammgebiet bei Baramul in der Trockenzeit nur ein paar Zehner von Kubikmetern. Nach Einsetzen der tropischen Monsunregen schwillt er aber binnen weniger Tage auf 20000 und später auf mehr als 30000 m^3/sec. an. Am Niederrhein wurden im Vergleich dazu beim größten Hochwasser überhaupt nur 12000 m^3/sec. gemessen [M28].

Die Konsequenz ist klar: Die letzte Million Kubikmeter des Baumaterials in so kurzer Zeit einzubringen, daß man den Damm rechtzeitig vor der nächsten Hochwasserwelle schließen kann, schafft eine Gesellschaft selbst bei hunderttausenden organisierter Hände und unter Zuhilfenahme von Ochsenkarren oder auch normalen Lastwagen nicht. Dazu war erst jene gewaltige Transporttechnologie in der Lage, die in Nordamerika entwickelt wurde und die – gegen Ende des zweiten Weltkrieges – sogar wir Europäer mit Staunen zur Kenntnis genommen haben.

Das Ergebnis des gewaltigen technischen Aufwandes am Hirakud-Staudamm ist ein See von rund 750 km^2 Oberfläche (Bodensee 539 km^2), aber weniger als 6 Mrd. m^3 nutzbaren Wassers. Die zur Bewässerung vorgesehene Fläche ist nur dreimal so groß wie der See selbst, keine günstige Relation [M27].

Nun ist der Hirakud-Damm gewiß ein sehr eindrückliches Beispiel, aber er ist keine falsch orientierende Ausnahme. Die in der Informationsschrift „Irrigation and Power Projects" der indischen Regierung (Ministry of Irrigation and Power. New Delhi 1967) aufgeführten Dammbauprojekte zum Zwecke der Bewässerung ergeben, alle Dämme nach Länge und maximaler Höhe gemittelt, für die Dekkan-Staaten Andra Pradesh fast 6 km und 61 m, Mysore 4,7 km und 65 m und Maharaschtra knapp 3 km und 40 m [M29].

Wenn man diese Zahlen maßstabgerecht in eine Skizze überträgt, wird man das Profil des vorauf geschilderten Flachmuldentales in kleinen Abwandlungen wiedererkennen.

Auch ein rund 5 km langer Staudamm ist von einer Gesellschaft im vortechnischen Entwicklungszustand gegen die monsunalen Abflußregime der Flüsse nicht zu verwirklichen [M30].

Auf dem Dekkan-Plateau konnten also die Menschen auf Grund der relativ günstigen Bodenbedingungen zwar das Stadium der shifting cultivation überwinden. Der Übergang zur Bewässerungslandwirtschaft gelang aber nur auf relativ eng begrenzten Flächen entweder mit Hilfe der bekannten – und im übrigen für die Oberflächenform tropischer Abtragungsflächen typischen – kleinen Stauweiher, den „tanks", oder – noch seltener – mit sporadischen Staudämmen an ausnehmend günstigen Geländepunkten.

In den ebenfalls bewässerungsbedürftigen sommertrockenen Subtropen rings um das europäische Mittelmeer ist es wesentlich einfacher, Staudämme zu errichten. Erstens sind die Subtropen – geomorphologisch gesehen – eine Zone, in welcher seit der jüngeren erdgeschichtlichen Vergangenheit bis in die Gegenwart eine kräftige Tal- statt Flächenbildung stattfindet [s. ZA20]. Und zweitens fällt ein großer Teil der oft sehr erheblichen winterlichen Niederschläge in den höheren Lagen als Schnee, was zusammen mit der Tatsache, daß subtropische Hochgebirge in der Regel mit einem mächtigen Mantel von Lockermaterial verschüttet sind, zu wesentlich gedämpfteren Abflußregimen in den Flüssen führt als bei tropischen Platzregen über Rumpfflächen [s. M30].

Enge Täler bei weniger reißenden Strömen sind allemal ein entscheidender Vorteil, wenn man mit einfachen technischen Möglichkeiten einen Staudamm errichten will. So wurden viele bereits in den antiken Kulturen von Spanien bis zum Orient angelegt.

4 Schluß: Notwendigkeit zum Umdenken

Wenn sich nun für die feuchten Tropen herausstellt, daß Feld-Wald-Wechselwirtschaft die ökologisch optimale Möglichkeit agrarischer Nutzung ist, sind flächenextensive Ausnutzung, relativ dünne agrarische Besiedlungsdichte, Sisyphusarbeit und wenig Ertrag pro Arbeitskraft die zwangsnotwendigen Konsequenzen. Das muß ein Handicap für den kulturellen Fortschritt sein, der immer eine gewisse Mindestkonzentration der Menschen in der Fläche sowie die Möglichkeit arbeitsteiliger Diversifizierung der Gesellschaft zur Voraussetzung hatte. Letzteres ist aber bei der tropischen Wald-Feld-Wechselwirtschaft mit oder ohne feste Siedlung nicht erreichbar, da fast jedes Mitglied der Gesellschaft für die Erarbeitung der täglichen Nahrung benötigt wird.

In den wechselfeuchten Tropen ist der Schritt zum Dauerfeldbau vollziehbar – wenn das Wasserdargebot ausreicht. Dies ist aber aus klimatischen Gründen unsicher und provoziert in seiner kurz- und längerfristigen Veränderlichkeit geradezu gesetzmäßig drastische Rückschläge der Wirtschafts- und Bevölkerungsentwicklung. Der Schritt zur Absicherung und zur Produktionssteigerung durch künstliche Bewässerung mit all seinen Folgen für die Gesellschaftsentwicklung muß jedoch über eine technische Entwicklungsstufe getan werden, deren „Tritthöhe" aus klimatisch-geomorphologischen Gründen um das entscheidende Maß zu hoch ist. Er kann mit den in dem betreffenden Lebensraum selbst entwickelten – und entwickelbaren – Mitteln nicht bewältigt werden.

In dem bekannten Werk von Bauer und Yamey „The economics of the underdeveloped countries" steht – in Übersetzung zitiert – der Satz: „Der Schöpfer hat die Welt nicht in zwei Sektoren geteilt, einen entwickelten und einen unterentwickelten, wobei der eine reichlicher mit natürlichen Ressourcen als der andere gesegnet wurde" [s. ZA4].

Man muß dem wohl inzwischen die naturwissenschaftliche Einsicht entgegenhalten: „Er hat in der Tat zwei verschiedene Sektoren geschaffen, einen leichter, den anderen schwerer entwickelbar. Unter den vielen sonstigen Unterschieden auf der Welt gibt es auch den als einen der gravierendsten!" Aber trotz allem hat er nur *eine* Welt geschaffen. Es ist an der Zeit, daß wir, die Bevorzugten, beides möglichst schnell auch öffentlich zur Kenntnis nehmen, um realistischere und bessere Konsequenzen für die benachteiligten Mitmenschen ziehen zu können, als es bisher geschehen ist.

II Materialien (M)

M 1 Hygrische Zonalgliederung West-Afrikas

Karten der Niederschlagssummen für das Jahr und die hygrischen Jahreszeiten findet man in jedem Schulatlas.

Die folgende Abbildung zeigt zusätzlich den zonalen Wandel des Jahresganges des Niederschlags (nach D. C. LEDGER). Außerdem ist die Lage der Trocken-„Grenze" des Feldbaus eingetragen.

LEDGER, D. C.: The dry season flow characteristics of West African rivers. In: THOMAS, M. F. and G. W. WHITTINGTON (eds.): Environment and Land Use in Africa. London 1969. 83–102

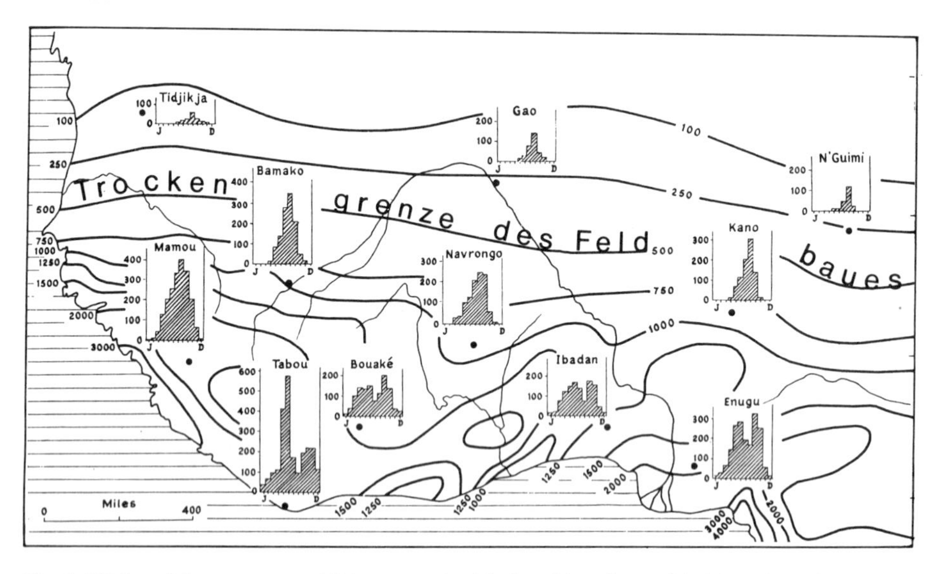

Fig. 1 Mittlere Jahressumme und Jahresgang des Niederschlags (in mm) in Westafrika (nach D. C. LEDGER, 1969).

Im Bereich der Trockengrenze des Feldbaues beträgt die mittlere Abweichung der einzelnen Jahressummen der Niederschläge um 30 % des langjährigen Mittels. Da letzteres bei rund 450 mm liegt, sind Schwankungen zwischen ca. 300 mm und 600 mm von Jahr zu Jahr normal. Das ist natürlich wesentlich folgenschwerer, als wenn im Bereich der feuchten Tropen mit 2000 mm Jahresniederschlag einmal 15 % mehr oder weniger fallen.

(Über die zusätzlichen Veränderungen der Niederschläge in Perioden von 10 bis 15 Jahren s. M25.)

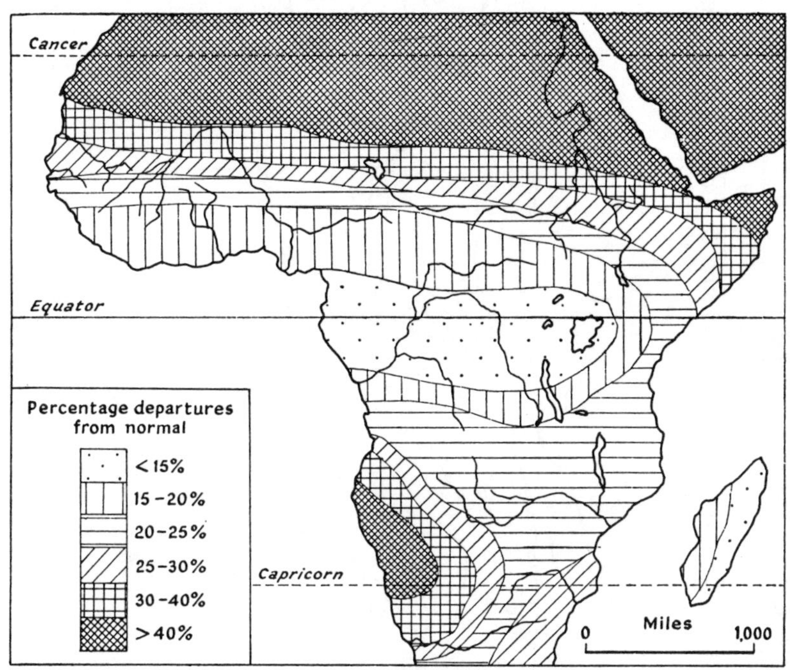

Fig. 2 Mittlere prozentuale Abweichung der Jahresniederschläge vom langjährigen Mittel (auf der Grundlage einer Karte von BIEL, 1929, aus GREGORY, 1969).

GREGORY, S.: Rainfall reliability. In: THOMAS, M. F. and G. W. WHITTINGTON (eds.): Environment and Land Use in Africa. London 1969. 57–82

BIEL, E.: Die Veränderlichkeit der Jahressumme des Niederschlags auf der Erde. Geogr. Jahresber. aus Österr. 14/15, 1929. 151–160

THREWARTHA, G. F.: An introduction to Climate. New York 1954. 272

M 2 Klimatische Vegetations- und Bodenzonen West-Afrikas

Jeder Schulatlas enthält eine Karte über die Vegetationsgürtel.

Genauere Darstellung von J. SCHMITHÜSEN im Großen Duden-Lexikon, Band 8. Mannheim 1972.

Die entsprechende Karte von Afrika liegt der folgenden Skizze zugrunde, in welcher die zonale Verteilung der klimatischen Vegetationsformationen mit derjenigen der Bodentypen (nach GANSSEN und HÄDRICH, Atlas zur Bodenkunde. Mannheim 1965) zusammengezeichnet ist.

(Durch entsprechendes farbiges Anlegen kann man die regionalen Koinzidenzen deutlich machen.)

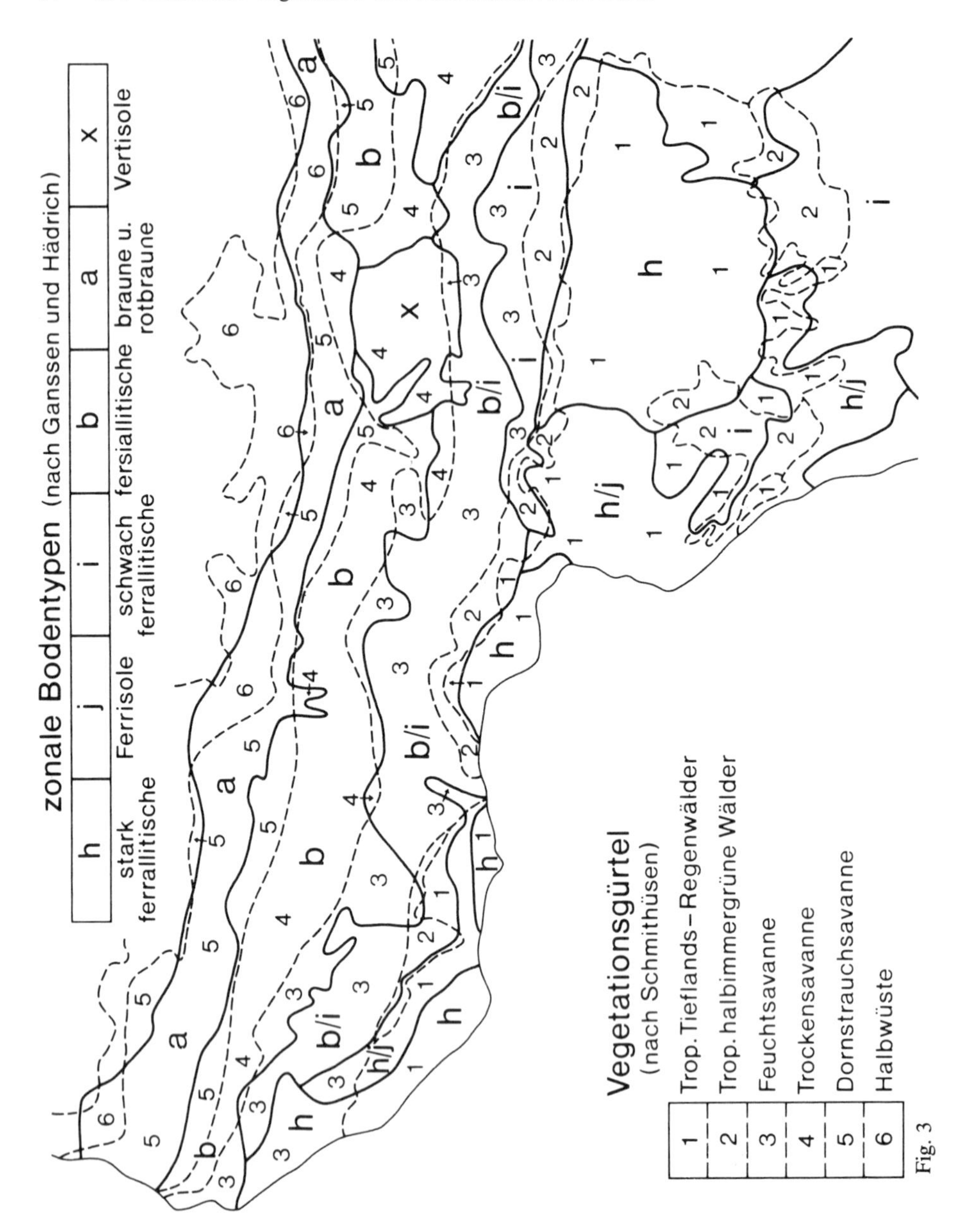

Fig. 3

Charakterisierung der Vegetationsgürtel in SCHMITHÜSEN: Allgemeine Vegetationsgeographie. Berlin 1968. Vereinfachte Darstellungen in vielen Schulbüchern. Für den Ableitungszusammenhang ist eine detaillierte Behandlung der tropischen Vegetationsgürtel nicht erforderlich.

Bezüglich der zonalen Bodentypen s. ZA 9.

M 3 Bevölkerungsverteilung in Afrika

Eine großmaßstäbige farbige Karte findet man als Beilage zu Heft 12 der Geographischen Rundschau 1966 von E. SCHMIDT und P. MATTINGLY: Das Bevölkerungsbild Afrikas um das Jahr 1960. Geogr. Rdsch. 18, 1966. 447–457

Aus dieser Karte sind die in Fig. 4, 5 und 6 wiedergegebenen Ausschnitte für die östlichen Sudanländer, das ostafrikanische Hochland und Äquatorialafrika entnommen.

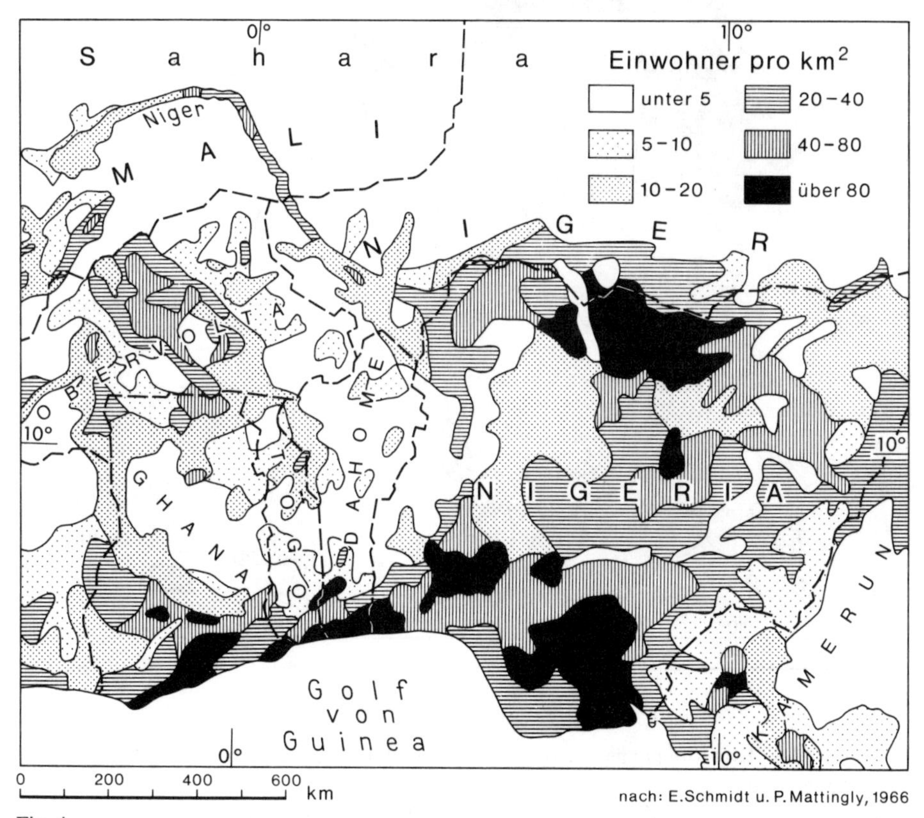

Fig. 4

Für die Sudanländer ist bei im ganzen für afrikanische Verhältnisse relativ hohen Bevölkerungsdichten eine deutliche zonale Gliederung in den dichter bevölkerten South Belt in der Küstenregion, den North Belt im Grenzbereich gegen Sahel und Sahara, und den relativ dünner besiedelten Middle Belt zu erkennen.

In Ostafrika fallen die Ausnahmegebiete mit höchsten Bevölkerungsdichten im Bereich der durch jungen Vulkanismus begleiteten Grabensysteme deutlich auf.

Äquatorialafrika hat im ganzen die flächenhaft geringste Bevölkerungsdichte außerhalb der Wüstengebiete. Bemerkenswert ist, daß die relativen Dichtegebiete am Nord- und

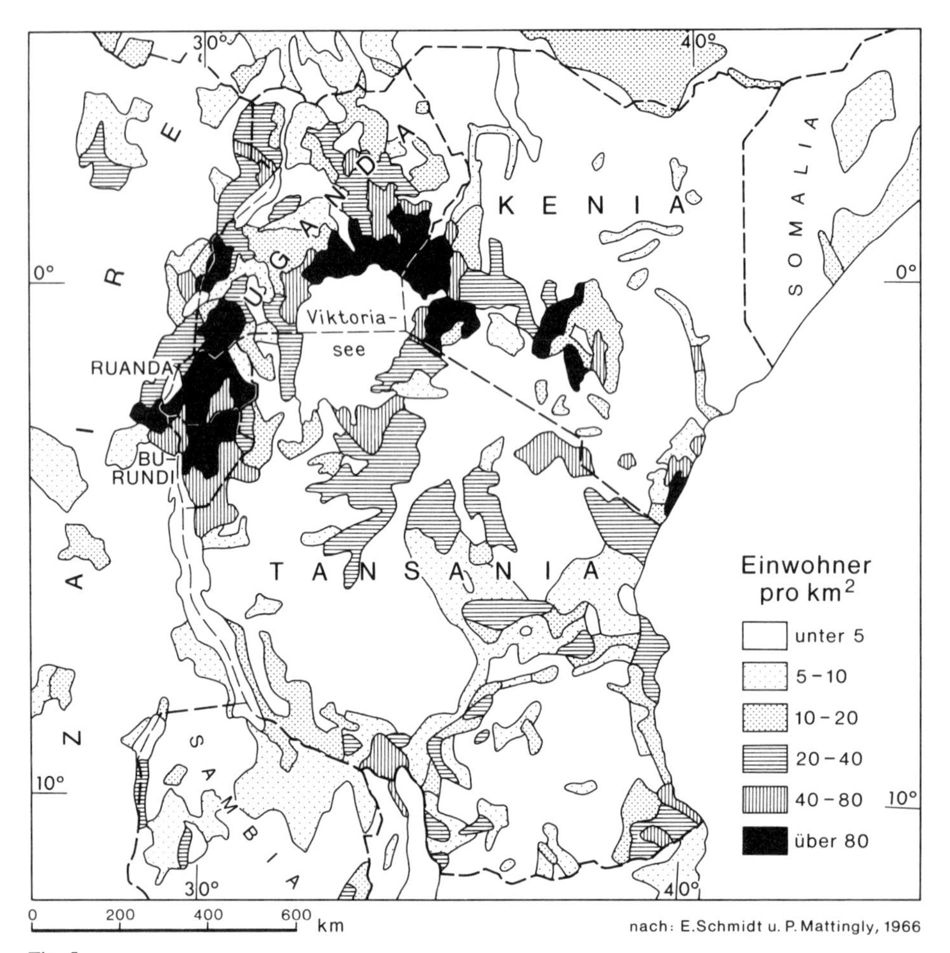

Fig. 5

Südsaum des Kongobeckens, also an den Rändern des äquatorialen Regenwaldes angeordnet sind.

Einzelkarten der regionalen Bevölkerungsverteilung für alle tropischen Länder enthält das Werk von Glenn T. TREWARTHA: The less developed Realm: A Geography of its Population. New York 1972.

Darin auch die neuere Literaturübersicht.

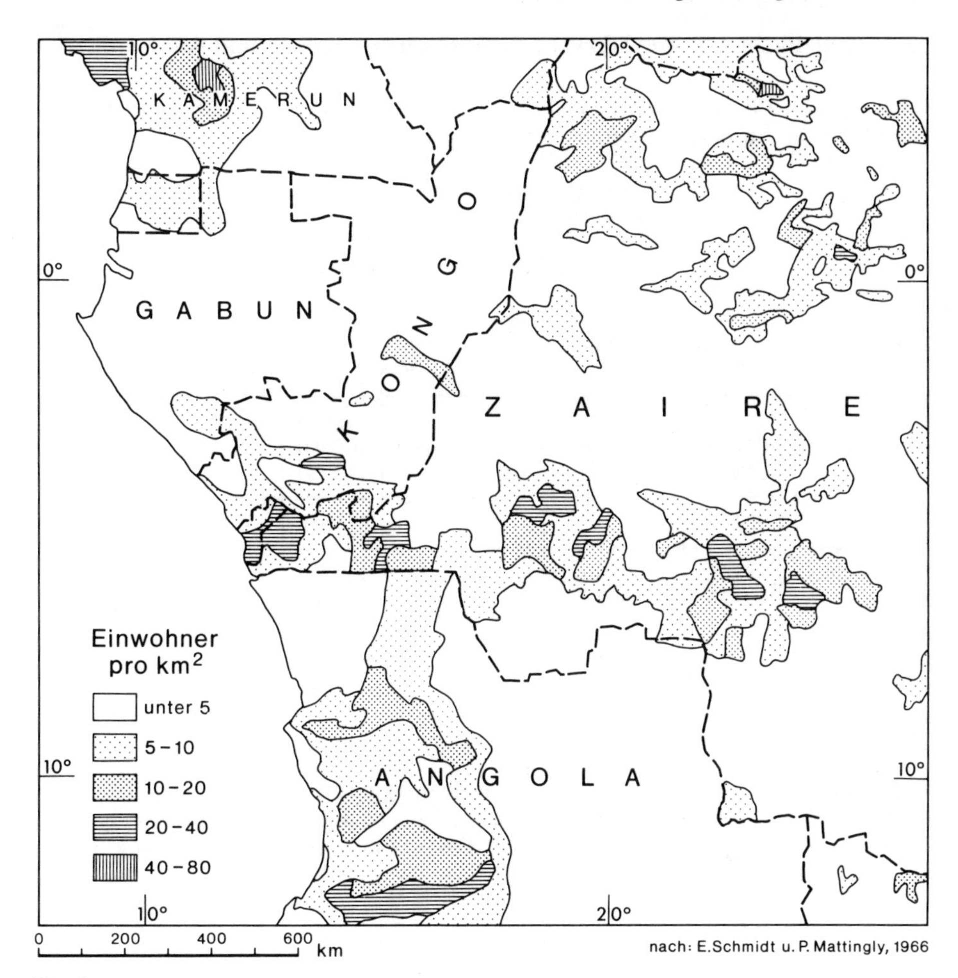
10°
20°
KAMERUN
KONGO
GABUN
ZAIRE
ANGOLA
0°
10°
Einwohner pro km²
unter 5
5 – 10
10 – 20
20 – 40
40 – 80
0
200
400
600
km
nach: E.Schmidt u. P. Mattingly, 1966

Fig. 6

M 4 Nutzfläche und Bevölkerung für Staaten der Tropen und Außertropen

I. Landwirtschaftliche Nutzfläche und zu ernährende Bevölkerung für Staaten vergleichbarer Größe in Europa, Westafrika und Vorderindien.

Staat	Gesamtfläche km²	Landwirtschaftliche Nutzfläche: ackerbaufähig km²	davon Dauerkultur km²	Wiesen Weiden km²	Gesamt-Nutzfläche km²	zu ernährende Bevölkerung	Waldfläche km²
Bundesrepublik	243570	75370	5380	55000	135750	20–25 Mill.	71620
Großbritannien	240930	72610	?	120070	192680	24–28 Mill.	18790
Guinea	245860	45000	15000	30000	75000	4–5* Mill.	10460
Elfenbeinküste	318000	78090	10500	80000	168590	5* Mill.	120000
Ghana	238540	27950	20400	112370	140720	9–10* Mill.	24470
Nigeria	923770	217950	?	258000	475950	57* Mill.	315920
Madya Pradesh	443452	180740	166000	?	180740	41* Mill.	130000
Mysore	191757	71860	?	?	71860	24* Mill.	35219

* Gesamtbevölkerung
Werte nach FAO Production Yearbook. Rom 1969

II. Geschätzte Gesamtbevölkerung und Bevölkerungsdichte für die Staaten Tropisch-Afrikas. Die Werte gelten für die Mitte der sechziger Jahre und entstammen dem UN Demographic Yearbook für 1965 (aus D. F. OWEN: Man's environmental predicament, London 1973).

	Fläche 1000 km²	Bevölkerung 1000	Dichte E/km²	Jährliches Wachstum
Senegal	196	3400	17	2,3%
The Gambia	11	324	29	2,4%
Portuguese Guinea	36	525	15	0,2%
Guinea	246	3420	14	2,8%
Mali	1201	4485	4	2,3%
Sierra Leone	72	2240	31	2,1%
Liberia	111	1041	9	1,4%
Ivory Coast	322	3750	12	3,3%
Upper Volta	274	4750	17	2,5%
Ghana	239	7537	32	2,7%
Togo	57	1603	28	2,8%
Dahomey	113	2300	20	2,9%
Niger	1267	3237	3	3,3%
Nigeria	924	56400	61	2,0%
Cameroon	475	5103	11	2,1%

	Fläche 1000 km²	Bevölkerung 1000	Dichte E/km²	Jährliches Wachstum
Equatorial Guinea	28	263	9	1,9%
Gabon	268	459	2	1,6%
Congo Brazzaville	342	826	2	1,6%
Congo Kinshasa	2345	15300	7	2,1%
Angola	1247	5084	4	1,4%
Central African Republic	623	1320	2	2,2%
Chad	1284	3300	3	1,5%
Zambia	753	3600	5	2,9%
Rhodesia	389	4140	11	3,3%
Mozambique	783	6872	9	1,3%
Malawi	119	3900	33	2,8%
Tanzania	937	9990	11	1,9%
Burundi	28	3000	101	2,5%
Rwanda	26	3018	115	3,1%
Uganda	236	7367	31	2,5%
Kenya	583	9104	16	2,9%
Sudan	2506	13180	5	2,8%
Ethiopia	1222	22200	18	1,8%
Somali Republic	638	2420	4	3,5%
Total	19901	215458		

III. Nutzflächenanteile für Länder Tropisch-Afrikas (nach FAO Production Yearbook. Rom 1969).

Land	Gesamtfläche	Landw. Nutzfläche Kulturfläche	Landw. Nutzfläche Dauerweide	Land	Gesamtfläche	Landw. Nutzfläche Kulturfläche	Landw. Nutzfläche Dauerweide
		(in 1000 ha)				(in 1000 ha)	
Burundi	2783	1008	628	Liberia	11137	3850	240
Cameroon	47494	4300	8300	Niger	126700	11501	2900
Congo (Brazzav.)	34200	630	14300	Nigeria	92377	21795	25800
				Rwanda	2634	995	870
Congo (Dem. Rep.)	234541	7200	65500	Senegal	19619	5722	5700
				Tanzania			
Equatorial Guinea	2805	221	104	Tanganyika	93706	11556	44744
				Zanzibar	264	146	10
Ghana	23854	2835	...	Togo	5600	2160	200
Ivory Coast	32246	8859	8000	Zambia	75261	4800	33800

M 5 Die Ernährungssituation auf der Erde

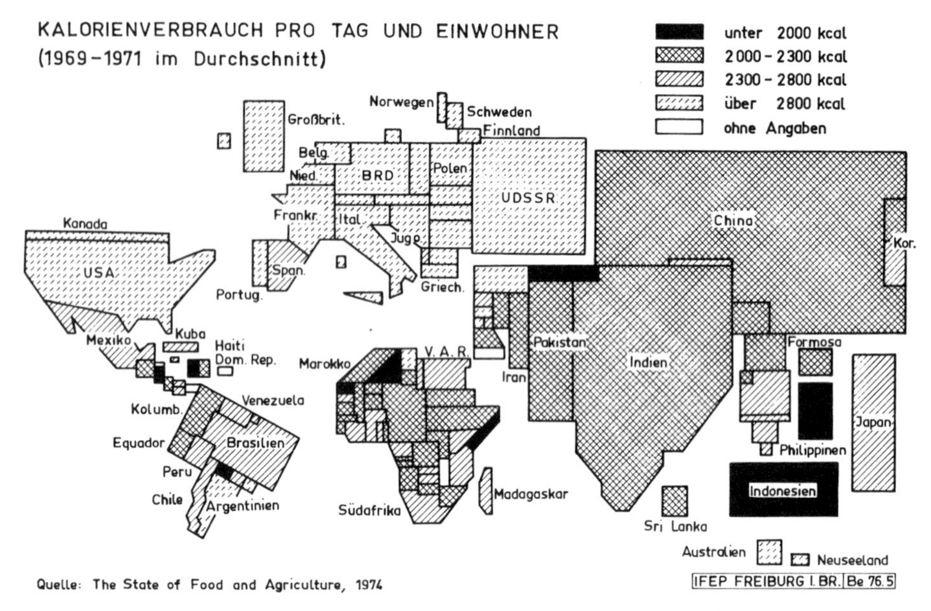

Fig. 7 Kalorienverbrauch pro Tag und Einwohner 1969–1971 (aus DAMS, 1974)

Literatur:
DAMS, Th.: Entwicklungspolitik des Westens in der Krise? In: DAMS (Hrsg.): Entwicklungshilfe – Hilfe zur Unterentwicklung? München 1974

In derselben Arbeit sind außer Kartogrammen über Kalorien- und Eiweißkonsum eine Reihe instruktiver Diagramme über Bevölkerung, Bevölkerungswachstum, Entwicklung des Bruttosozialproduktes und der Nahrungsmittelproduktion für verschiedene Länder und Regionen der Tropen und Außertropen veröffentlicht.

Die Aktuelle IRO-Landkarte Nr. 316 München 1975 stellt ebenfalls (großformatig) die Ernährungssituation in den Ländern der Erde dar. In der Begleittabelle sind die Daten nach den offiziellen Unterlagen der FAO aufgeführt. Leider stellt sich bei kritischer Betrachtung heraus, daß manche Länder ihre Angaben „schönen".

FAO Yearbook of Statistics. Rom 1971.

M 6 Ältere Kalkulationen über die Tragfähigkeit tropischer Gebiete

I. PENCK, A.: Das Hauptproblem der physischen Anthropogeographie. Sitzungsber. der Preuß. Ak. d. Wiss., Phys.-Math. Kl., 24, 1924. 249–257

Wiederabdruck in: Wirtschaftsgeographie (Hrsg. WIRTH, E.) Darmstadt 1969. 157–180

Regionale Grundlage seiner Berechnung war die KÖPPENsche Klimagliederung der Erde, für welche H. WAGNER die Flächenausdehnung der jeweiligen Klimaregionen ausplanimetriert hatte (Pet. Mitt. 1921, 215). Die kalkulatorische Grundlage bildeten die in einigen Gebieten der jeweiligen Klimaregion tatsächlich auftretenden höchsten Bevölkerungsdichten sowie Schätzungen anderer Autoren. Dabei ging PENCK den sicheren Weg, indem er alle voraufgegangenen Überschätzungen nach unten korrigierte. So hatte WOEIKOF 1901 (Annales de Géographie X) für die Tropenzone zwischen 15° N und S noch für möglich gehalten, daß dort 400 Menschen/km², insgesamt 10 Mrd., ernährt werden könnten.

In der folgenden Originaltabelle von PENCK sind die entscheidenden Vergleichsdaten zusammengefaßt.

Klimate	I Flächeninhalt (Mill. qkm)	II Dichtest besiedelte Länder darin mit ihrer Volksdichte sowie angenommene größte Volksdichte (Einwohner auf 1 qkm)		III Höchste denkbare Einwohnerzahl (Mill.)	IV Wahrscheinliche mittlere Volksdichte (Einw. auf 1 qkm)	V Wahrscheinliche größtmögliche Einwohnerzahl (Mill.)
1. Feuchtheiße Urwaldklimate	14,0	Westjava (400)	350	5600	200	2809
2. Periodisch trockene Savannenklimate	15,7	Madras	115	1806	90	1413
3. Steppenklimate	21,2	Dongebiet (10)	21	212	5	106
4. Wüstenklimate	17,9	Ägypten (3)	14	54	1	18
5. Warme wintertrockene Klimate	11,3	Bengalen	228	2576	110	1243
6. Warme sommertrockene Klimate	2,5	Italien	125	312	90	225
7. Feuchttemperierte Klimate	9,3	Südjapan	220	2046	100	930
8. Winterfeuchte kalte Klimate	24,5	Kongreßpolen	106	2597	30	735
9. Wintertrockene kalte Klimate	7,3	Tschili	96	701	30	219
10. Tundraklimate	10,3	Grönland	0,02	0	0,01	0
11. Klimate ewigen Frostes	15,0	Antarktika	0	0	0	0
Ges. Landoberfläche	149,0		(107)	15904	51	7698

Aus: Albrecht PENCK. Das Hauptproblem der physischen Anthropogeographie

II. W. HOLSTEIN hat 1937 (Pet. Mitt. Erg. Heft 234) eine Bonitierung der Erde, d.h. eine Abschätzung der verschiedenen Gebiete nach der Anbaumöglichkeit für verschieden wertvolle Pflanzen und deren wahrscheinlichen Erträgen unter Berücksichtigung von Klima, Oberflächengehalt und Boden versucht. Nach seiner Übersichtskarte sind die feuchten Urwaldgebiete am Kongo und Amazonas für „ununterbrochenen Anbau warmer Feldfrüchte“, die Feuchtsavanne für den „Anbau von zwei Feldfrüchten mit dem gleichen Wärmebedarf“, also für Dauerkulturen hoher Erträge geeignet. Von der Gesamtfläche seien im Regenwald 75 %, in der Savanne 50 % anbaufähig. Der Ertrag wird, umgerechnet in Weizeneinheiten, auf das $1^1/_2$- bis $2^1/_2$fache desjenigen in west- und mitteleuropäischen Anbaugebieten geschätzt. So resultiert für Amazonien auf 2,8 Mill. km² eine mittlere mögliche Bevölkerungsdichte von 542 E/km², für das Kongogebiet die gleiche Dichte auf fast 800 000 km². Im Sertão Brasiliens und im halblaubwerfenden Wald Afrikas sind es immerhin über mehrere Mill. km² noch Dichten zwischen 217 und 289. Großbritannien und Mitteleuropa nehmen sich demgegenüber mit Tragfähigkeiten von 130 bis 174 E/km² bescheiden aus.

III. H. CAROL, welterfahrener Wirtschaftsgeograph, hat bei seinem Tode 1972 ein Manuskript „The Calculation of Theoretical Feeding Capacity for Tropical Africa“ zurückgelassen, das W. MANSHARD überarbeitet und veröffentlicht hat (Geogr. Zeitschr. 61, 1973, S. 80ff.). Er errechnet die TFC (Theor. Feeding Capacity) als

$$\frac{\text{Ertrag in kg/ha} \times \text{Kalorienfaktor} \times 100 \text{ (Umrechnungsfaktor ha in km}^2\text{)}}{\text{Standard-Ernährungseinheit von 1 Mill. Kal. pro Jahr} \times \text{Rotationsfaktor}}.$$

Da 1 Mill. Kal./Jahr von D. STAMP als rohes Maß des menschlichen Bedarfes angegeben wird (2460 Kal./Tag), müßte TFC ungefähr der möglichen Bevölkerungsdichte entsprechen. Ertragsdaten und Rotationsangaben für verschiedene Nutzungssysteme von shifting cultivation über Dauerfeldbau bis zu Versuchsstationen sowie Karten der Agro-Climatic-Zones (BENNETT, M. K. in: Food Res. Inst. Stud. Vol. III, Nr. 3 Standford Univ. Press 1962) von Afrika dienen zur Kalkulation des TFC-Wertes für verschiedene Gebiete. Das Ergebnis ist:

TFC-Werte pro km²

	eine Ernte pro Jahr (Trockensavanne)		ganzjährig Ernte möglich (Feuchtsavanne)	(Regenwald)
	trocken	feucht	feucht	sehr feucht
Shifting cultivation	25	60	150	100
Dauerrotation (Hackbau)	250	330	400	450
Wiss. Landw. niedr. Niveau	390	640	890	980
Wiss. Landw. mittl. Niveau	840	1150	1440	1580
Anbaufähige Fläche	10 %	20 %	30 %	40 %

Bemerkenswert sind der Sprung zwischen shifting cultivation und Dauerrotation sowie die Tatsache, daß die höchsten Werte – gleich welchen Nutzungssystems – auch von CAROL im tropischen Regenwald angesetzt werden.

Nach einer Multiplikation der Werte pro km² mit den zur Verfügung stehenden Flächen ergibt sich als Endbilanz:

Shifting cultivation	279,7 Mill. TFC Einheiten
Dauerrotation (Hackbau)	1121,5 Mill. TFC Einheiten
Wiss. Landwirtschaft auf niedr. Niveau	2315,4 Mill. TFC Einheiten
Wiss. Landwirtschaft auf mittl. Niveau	3949,4 Mill. TFC Einheiten

Ergebnis:

Bei Wissenschaftlicher Landwirtschaft auf mittlerem Niveau könnte Tropisch-Afrika potentiell eine Bevölkerung von 4 Milliarden Menschen tragen.

Bei einem anderen Ansatz der Flächenausdehnung der agro-klimatischen Zonen ergaben sich mehr als 3 Milliarden.

Es wird also auch in dieser neuesten Studie davon ausgegangen, daß shifting cultivation oder Wald-Feld-Wechselwirtschaft überwindbar ist und Tropisch-Afrika potentiell in der Lage sein müßte, nahezu die gesamte gegenwärtige Menschheit zu ernähren.

IV. Die Bedenken K. SAPPERS sind ausgeführt in der Arbeit Die Ernährungswirtschaft der Erde und ihre Zukunftsaussichten für die Menschheit. Stuttgart 1939

„Wenn man annimmt, daß die Möglichkeit zweier Ernten im Jahr wenigstens im Tiefland eine wesentlich dichtere Bevölkerung ernähren könnte, so ist das zur Zeit keineswegs der Fall, da die Hektarerträge – wenigstens bei Mais und Weizen, für die man Statistiken aus den Tropen in größerer Zahl hat – zumeist so niedrig sind, daß eine Ernte in der gemäßigten Zone bei guter Düngung etwa so viel Ertrag bringt, als zwei Ernten in den Tropen auf der gleichen Fläche.

Wie immer auch die Dinge liegen, so ist doch kaum zu errechnen, daß die Tropen bei gegenwärtigem Stand ihrer Landwirtschaft eine stärkere Bevölkerung zu ernähren vermöchten, als auf gleicher Fläche die guten Lagen der gemäßigten Gürtel."

Aber SAPPER ist auch der Meinung, daß „die bei vielen Naturvölkern übliche Einschaltung sehr langer Brachzeiten nur in sehr dünn bevölkerten Gegenden noch möglich ist, aber bei Auffüllung der tropischen Räume bald ausgespielt haben" (a.a.O. 136–137).

M 7 Produktion an Biomasse verschiedener klimatischer Vegetationsformationen

I. RODIN, L. E. und N. J. BASILIVIČ: World distribution of plant biomass. In: Functioning of terrestrial ecosystems at the primary production level. Proc. of the Copenhagen Symposium. UNESCO-Paris 1968. 45–50

Werte in t/ha	Borealer (Nadelwald (mitt. Taiga)	Buchen-wald	Subtrop. Feuchtwald	Trop. Regenwald	Feucht- Savanne	Trocken- Savanne
Biomasse des Bestandes	260	370	410	über 500	66,6	26,8
Produktion pro Jahr	7	13	24,5	32,5	(12)	7,3
Absterbende Biomasse/Jahr	5	9	21	25	(11,5)	7,2
Netto-Zuwachs der Biomasse/Jahr	2	4	3,5	7,5		0,1

II. ODUM, E. P.: Fundamentals of Ecology. 3. Ed. Tab. 3–7, S. 51. Philadelphia 1971.

Geschätzte Primärproduktion (Jahresbasis) der Biosphäre und die Verteilung auf die Hauptökosysteme

Ökosystem	Fläche (Mill. km^2)	Primärproduktivität (Kal./m^2 u. Jahr)	Gesamtproduktion 10^{16} Kal./Jahr
Marines Ökosystem	362,4		43,6
Borealer Nadelwald	10,0	3000	3,0
Feuchtwald der gemäßigten Zone	4,9	8000	3,9
Feuchtwald der Tropen und Subtropen	14,7	20000	29,0

H. LIETH hat „Die jährliche Kohlenstoffbindung auf den Landmassen und in den Gewässern der Erde“ in einer Übersichtskarte dargestellt (LIETH, H.: Versuch einer kartographischen Darstellung der Produktivität der Pflanzendecke auf der Erde. Geograph. Taschenbuch 1964/65. Wiesbaden 1964, 72–80). Darin werden für die im Vergleich interessierenden Vegetationsformationen folgende Werte angegeben:

Immergrüner tropischer Regenwald	800–1000 g Kohlenstoff pro m^2 und Jahr
Halblaubwerfender trop. Wald	600– 800 g Kohlenstoff pro m^2 und Jahr
Laubwald der feuchten Mittelbr.	400– 600 g Kohlenstoff pro m^2 und Jahr
Borealer Nadelwald	100– 200 g Kohlenstoff pro m^2 und Jahr.

Außer den Zahlen sei im Hinblick auf die im Hauptteil der vorliegenden Arbeit vorgetragene Argumentation noch der Hinweis von H. LIETH angeführt, daß die von ihm entworfene Übersicht in erster Linie gebraucht wird, „um die zukünftigen Entwicklungsmöglichkeiten der Menschheit sowie der land- und forstwirtschaftlichen Produktion beurteilen zu können“ (a. a. O. 73). Er hält es also auch für möglich, die Produktivität der natürlichen tropischen Formationen als Anhalt oder Maß für die Produktivität agrarischer Nutzung in diesen Bereichen zu nehmen.

Weitere Ausführungen zum Thema:

LIETH, H. (ed.): Die Stoffproduktion der Pflanzendecke. Stuttgart 1962

M 8 Verbreitung der Wald-Feld-Wechselwirtschaft, besonders in Afrika

I. Karte der autochthonen Agrarwirtschaftsformen in Tropisch-Afrika. Umzeichnung der Fig. 9.1 aus MORGAN, W. B.: Peasant Agriculture in tropical Africa. In: Environment and Land Use in Africa. Edited by M. F. THOMAS and G. W. WHITTINGTON. Methuen, London 1969, 241–272.

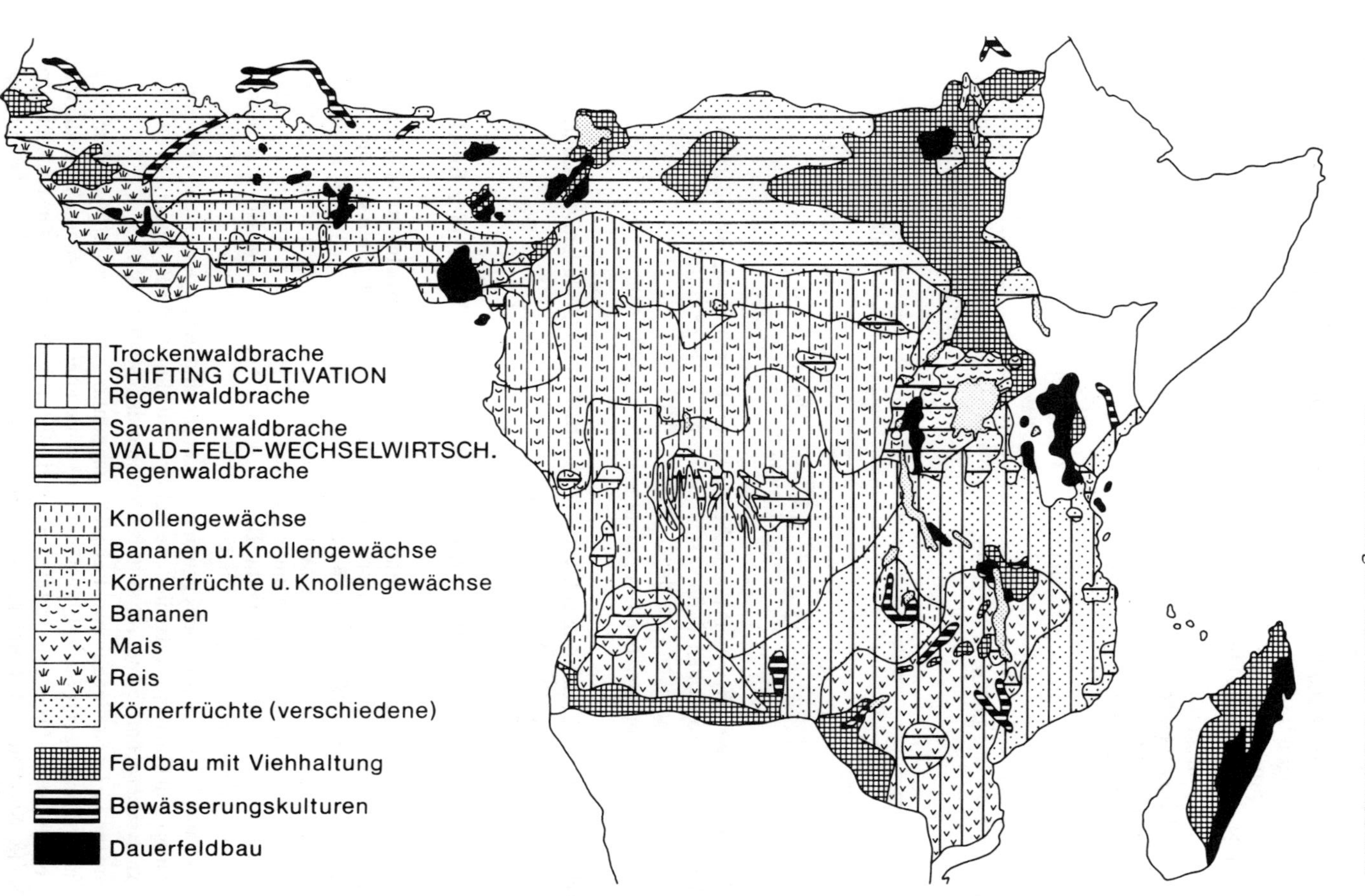

Trockenwaldbrache
SHIFTING CULTIVATION
Regenwaldbrache
Savannenwaldbrache
WALD-FELD-WECHSELWIRTSCH.
Regenwaldbrache
Knollengewächse
Bananen u. Knollengewächse
Körnerfrüchte u. Knollengewächse
Bananen
Mais
Reis
Körnerfrüchte (verschiedene)
Feldbau mit Viehhaltung
Bewässerungskulturen
Dauerfeldbau

Fig. 8

II. Eine weltweite Übersicht vermittelt die Karte von J. JAEGER in: Neuer Versuch einer Anthropo-Geographischen Gliederung der Erdoberfläche. Pet. Geogr. Mitt. 1943, 313–323, reproduziert in MANSHARD, W.: Einführung in die Agrargeographie der Tropen. Hochschultaschenbücher 356/356a. Mannheim 1968, Abb. 10.

III. Flächen und Einwohner der Tropen (innerhalb der 18 °C-Isotherme des kältesten Monats). Zusammenstellt nach den Schätzungen von P. K. NYE und D. J. GREENLAND: The soil under shifting cultivation. Commonw. Agr. Techn. Com. 51, Farnham Royal, Bucks, Engl. 1960.

	Gesamtfläche	Dichter Wald	Lichter Wald und Savanne	Bevölkerung Gesamt	Dichte
Afrika	17 Mill. km ^{2}	2 Mill.	2,75 Mill.	104 Mill. die große Mehrheit ist shifting cultivator	7 E/km^2
Amerika	15 Mill. km^2			65 Mill.	5 E/km^2
Asien	9 Mill. km^2	Die große Mehrheit ist Dauerfeldbauer für shifting cultivation		530 Mill.	70 E/km^2 ca. 6 E/km^2

IV. In Monsunasien ist (Anfang der sechziger Jahre) Brandrodungs-Wanderfeldbau über 100–112 Mill. ha tropischen Wald verteilt, in dem jeweils 18–21 Mill. ha angebaut sind. Ca. 50 Mill. Menschen leben auf dieser Wirtschaftsbasis.

Der Dauerfeldbau im gleichen Großraum umfaßt 226–235 Mill. ha und trägt 672 Mill. Menschen.

(Nach SPENCER, J. E.: Shifting cultivation in South-Eastern Asia. Univ. of Calif. Publ. in Geogr. 19. Berkeley, 1966.)

M 9 Schema der Aschendüngung beim Brennen von Wald oder Busch

In der ersten schematischen Darstellung ist die Verteilung der wichtigsten Nährelemente im System tropischer Wald plus Boden wiedergegeben, in der zweiten sind die Gewinne des Oberbodens an Nährstoffen durch die Aschendüngung (nach dem Brennen des Waldes) den Entnahmen durch charakteristische tropische Anbaugewächse gegenübergestellt. Die entsprechenden Daten findet man in NYE, P. H. und D. J. GREENLAND: The soil under shifting cultivation. Commonw. Bureau of Soils. Techn. Comm. No. 51. Commonw. Agric. Bureaux Farnham Royal. Bucks, Engl. 1960.

In den Tabellen 2, 3, 4 und 8 des genannten Werkes sind neben den eigenen Erhebungen der Autoren in Ghana für verschiedene Gebiete und klimatische Bedingungen der Tropen die Analysenergebnisse anderer Autoren zusammengestellt.

Es sind für die Darstellungen zwei Beispiele diagrammatisch ausgewertet worden: das eine für das System Vegetation + Boden eines 40 Jahre alten immergrünen Sekundärwaldes über einem Forest-Oxysol (= ferrallitischem Boden) mit Phylliten als Gesteinsuntergrund in Kade, Südghana, das andere für einen 18jährigen Sekundärwald über Oxysol in Yangambi, Congo.

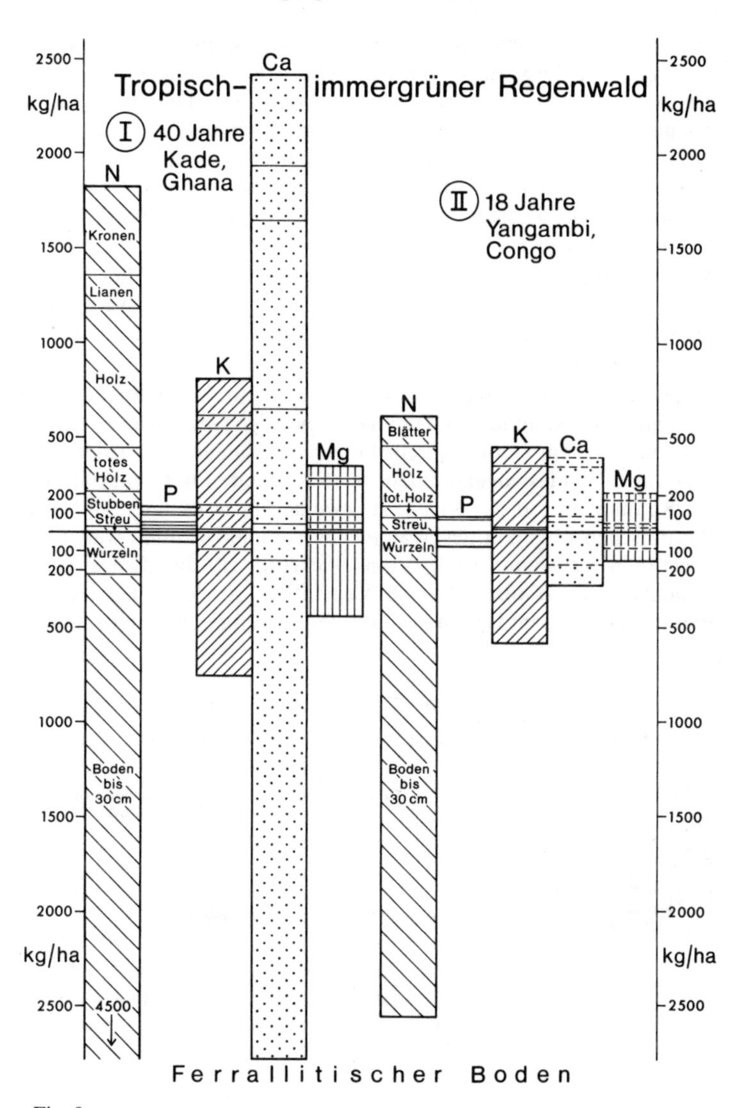

Fig. 9

Für die Vegetation sind die Vorräte an Stickstoff (N), Phosphor (P), Kalium (K), Calzium (Ca) und Magnesium (Mg) in kg/ha auf die verschiedenen Teile der organischen Masse aufgeteilt. Die auf die Wurzeln entfallenden Mengen sind unter der Bodenoberfläche angebracht und der Nährstoffvorrat im Boden bis 30 cm Tiefe in den entsprechenden Säulen hinzugefügt. (Für Yangambi waren die Werte für Ca- und Mg-Gehalt der Vegetation nur als Summe beider Elemente angegeben. Ich habe daher eine Aufteilung entsprechend den prozentualen Verhältnissen im Wald von Kade vorgenommen und die damit verbundene Unsicherheit durch gebrochene Linien in den entsprechenden Säulen angedeutet.) Die Calzium-Werte im Versuchssystem von Kade sind ausnehmend hoch. Sie übertreffen Meßergebnisse, die in der Tab. 2 bei NYE und GREENLAND für andere Gebiete angegeben werden, um ungefähr das Doppelte. (Das kann nach den Autoren damit zusammenhängen, daß in Kade vor dem Sammeln der Proben nur ein leichter Regen niedergegangen war, während sie für andere Stellen vermuten, daß voraufgegangene Niederschläge möglicherweise viel der leicht lösbaren Kalke schon abgeschwemmt hatten. Einzuwenden ist dagegen, daß aber auch die Vegetation in Kade schon höhere Ca-Gehalte als anderswo zeigt.)

Aber unabhängig von dieser Einzelheit demonstrieren die experimentell gewonnenen Daten mit aller Deutlichkeit, daß im Gebiet der tropischen Regenwälder mit Ausnahme des Stickstoffs der größere Teil des Nährstoffvorrates in der Vegetation, nur der kleinere Teil im Boden steckt.

Im zweiten Schema sind die Mengenwerte für Wurzeln plus Boden aus dem ersten Diagramm übernommen und dann der jeweilige Gewinn an P, K, Ca und Mg hinzugefügt worden, der dem Boden durch die Aschendüngung nach dem Brennen des 40- bzw. 18jährigen Waldes zugekommen ist. (Säulenanteil mit dem Plus-Zeichen als Mittelwert aus 8 Analysen auf 2 ha.) Es ist jeweilig etwas weniger hinzugekommen, als in den oberirdischen Organen des Waldes angesammelt worden war, weil nicht alle Teile der Vegetation verbrannt sind. Vom Stickstoff ist durch das Brennen nicht nur der Gesamtvorrat der oberirdischen Vegetation, sondern auch noch ein kleiner Teil des Stickstoffgehaltes im Boden in Form von Gasen in die Atmosphäre entwichen.

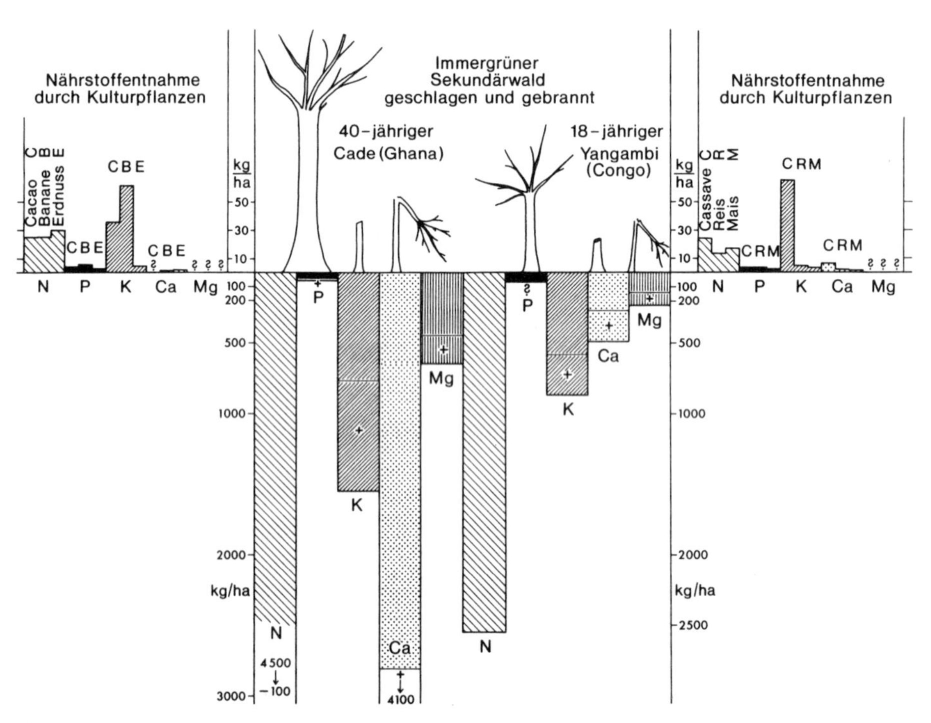

Fig. 10

Grob gerechnet hat nach der Aschendüngung der Boden das Doppelte des ursprünglichen Nährstoffgehaltes.

Dem nun gegebenen Vorrat ist die Entnahme durch Kulturgewächse gegenübergestellt. Bei Mais und Reis sind Körnerernten von rund 1100 kg/ha, bei Erdnüssen Erträge von 770 kg/ha, bei Bananen und Cassava 11 200 kg/ha und bei Kakao 1100 kg/ha eingesetzt. Unter Berücksichtigung des zehnmal größeren Maßstabes für die entsprechenden Säulendiagramme wird in dem Schema deutlich, daß die Entnahmen im Vergleich zum Ausgangsvorrat nach der Aschendüngung vergleichsweise klein sind. Trotzdem erweisen sich die Ertragsrückgänge bei der zweiten und dritten Ernte als notorisch und so groß, daß eine neue Restaurationsbrache eingeschaltet werden muß.

Beim Vergleich von Vorrat und Entnahme muß man zunächst bedenken, daß nicht der ganze Nährstoffvorrat eines Bodens von den Pflanzen in Wert gesetzt werden kann, weil ihre Wurzeln naturgemäß nur einen gewissen Teil des Bodenvolumens erschließen können. Wie viel das ist, hängt im einzelnen von der jeweiligen Pflanze ab. Einjährige Kulturgewächse werden aber hinsichtlich der Durchdringung des Bodens mit Nährwurzeln einen ungünstigeren Aufschließungseffekt als langlebige Pflanzen erzielen. Je dünner die Nährstoffkonzentration im Boden ist, um so weniger Chancen bestehen bei gegebener Wurzeldichte für eine optimale Versorgung der Pflanzen.

Außerdem ist zu berücksichtigen, daß die genannten Analysenwerte unmittelbar nach dem Brennen gewonnen wurden und im Laufe der Zeit durch Bodendrainage erhebliche Auswaschungsverluste eintreten. Das läßt sich nachweisen mit Hilfe chemischer Analysen der Fließgewässer, wie sie z.B. Sioli u.a. in Amazonien durchgeführt haben (s. ZA 14). Die Folgen von Brandrodung lassen sich nämlich sofort in einer sprunghaften Erhöhung der Nährstoffgehalte sonst sehr nährstoffarmer Gewässer feststellen.

Als Konsequenz wird aus den quantitativen Analysen der Nährstoffverteilung in der Aufeinanderfolge von Endstadium eines Brachwaldes – Anfangssituation der Nutzungsperiode nach dem Brennen des Waldes – Entnahme durch Nutzpflanzen wohl sehr deutlich, daß bei der Wald-Feld-Wechselwirtschaft mit einer hohen Verlustrate vom sowieso sehr schmalen Nährstoffkapital produziert wird, das tropische Verwitterungsböden überhaupt aufbringen können.

M 10 Ertragsrückgänge auf tropischen Böden bei deren Nutzung

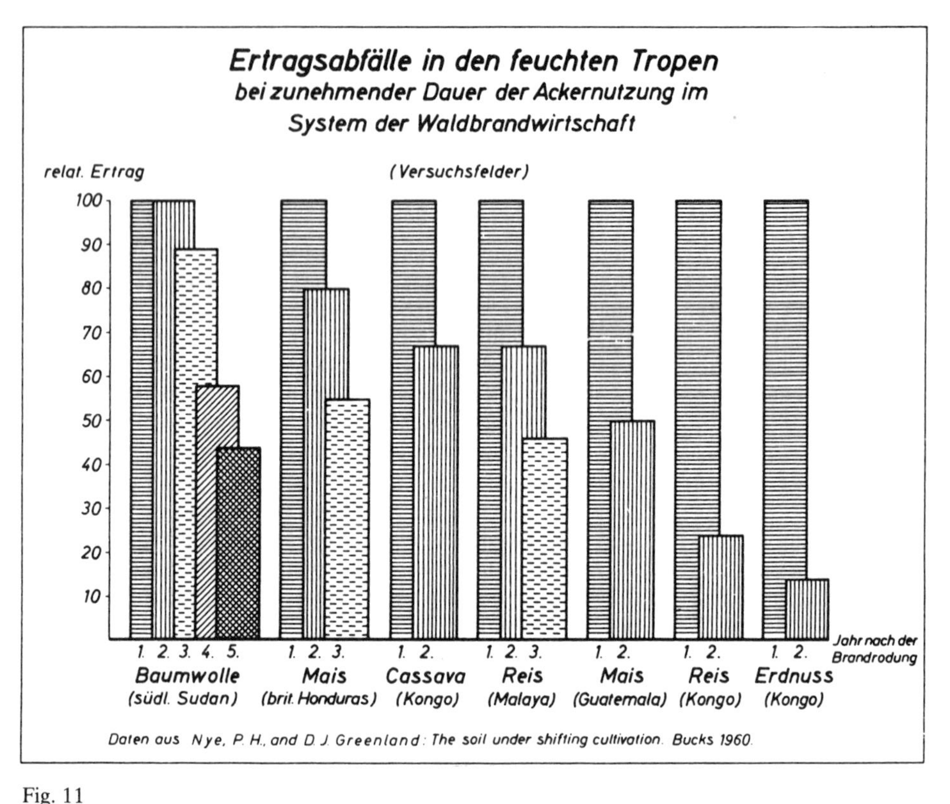

Fig. 11

Aus: Andreae, B.: Landwirtschaftliche Betriebsformen in den Tropen. Hamburg, Berlin 1972.

M 11 Beispiele des Feldwechsels im Nutzungssystem der shifting cultivation bei den Azande

Die Kartierung stammt von Pierre de Schlippe, veröffentlicht in seinem höchst aufschlußreichen Werk „Shifting cultivation in Africa". London 1956.

Der Azande-District liegt im Gebiet des halblaubwerfenden tropischen Waldes im Übergangsbereich zwischen nordöstlichem Kongo und dem südwestlichen Sudan.

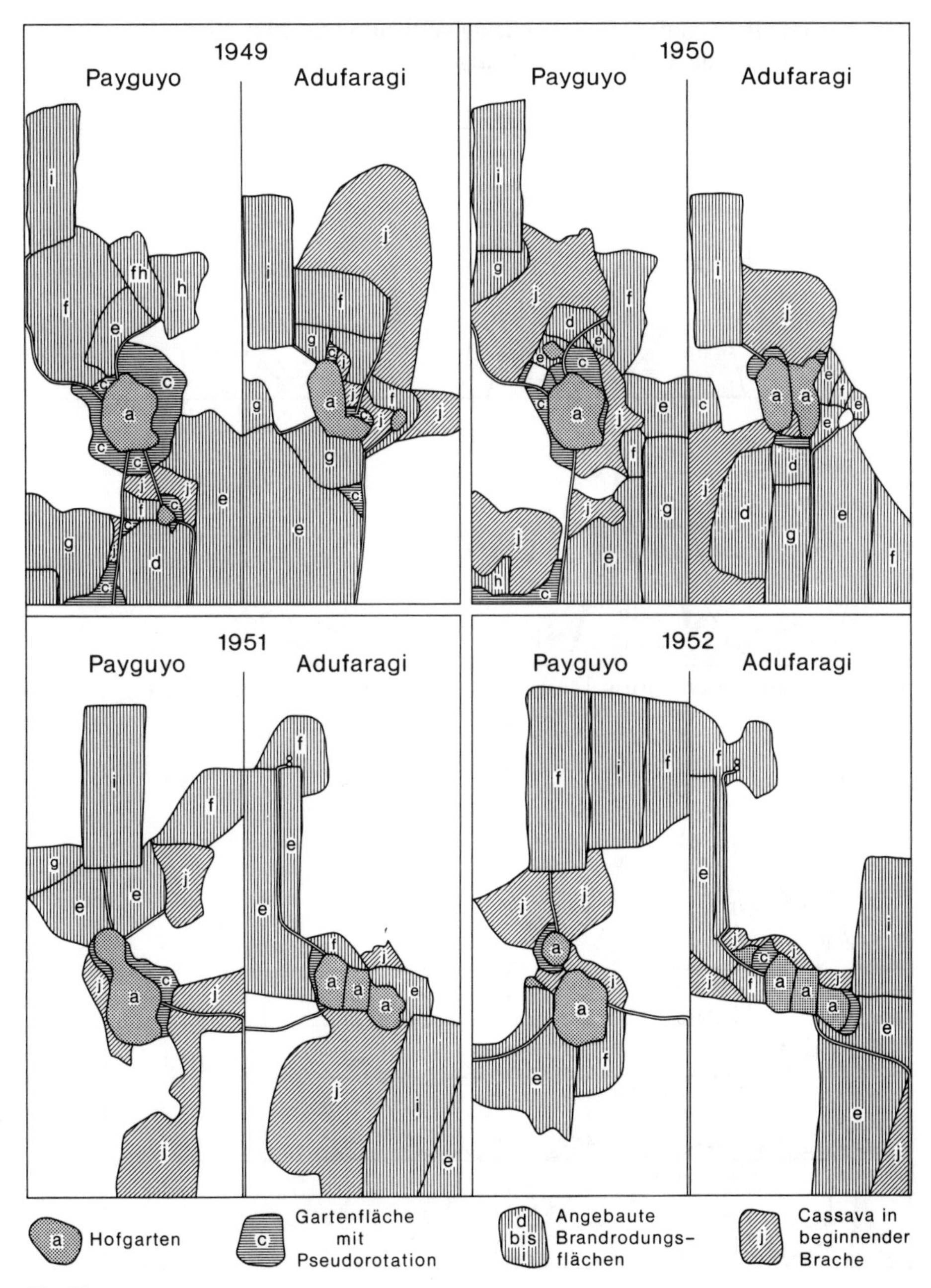
1949
Payguyo
Adufaragi
1950
Payguyo
Adufaragi
1951
Payguyo
Adufaragi
1952
Payguyo
Adufaragi
Hofgarten
Gartenfläche mit Pseudorotation
d bis i
Angebaute Brandrodungsflächen
Cassava in beginnender Brache

Fig. 12

M 12 Arbeitskalender bei der shifting cultivation im Blue Belt des Azande-Districts (NE-Congo)

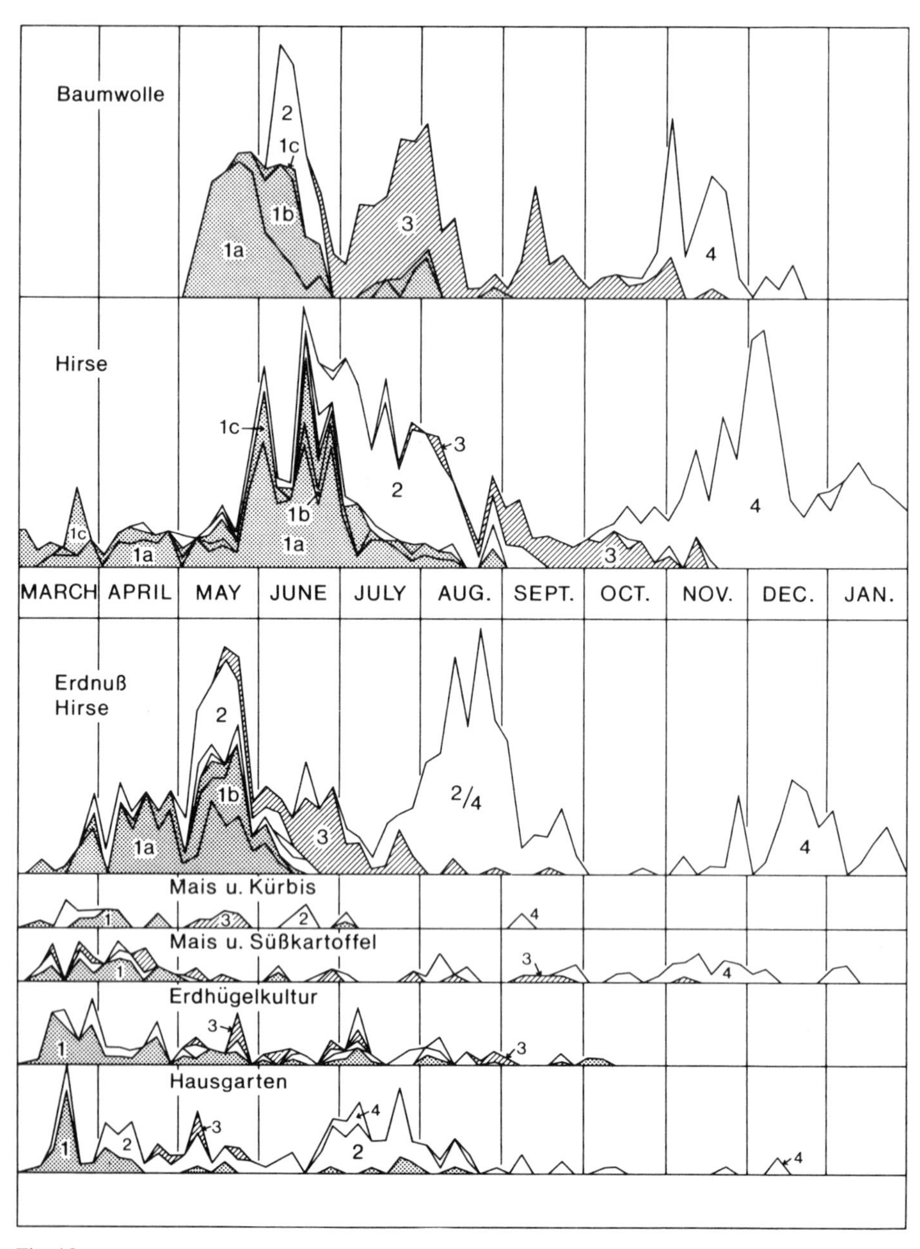

Fig. 13

Aufnahme und diagrammatische Darstellung stammen aus dem Werk von Pierre DE SCHLIPPE: Shifting cultivation in Africa. The Zande System of Agriculture. London 1956. Diese und drei weitere Aufnahmen aus anderen Teilen des Districts beziehen sich auf das Jahr 1950. An ihnen kann man fernab aller Interpretation den Aufwand für die verschiedenen Arbeiten bei der shifting cultivation genau ablesen.

Es sind die einzelnen Kulturen eines shifting cultivators vom Hausgarten bis zum Baumwollfeld schematisch übereinander angeordnet. Der für jede Kultur im Ablauf des Jahres notwendige Aufwand verschiedener Arbeiten ist so eingetragen, daß die Summe in der Vertikalen den Gesamtarbeitsaufwand über alle Kulturen für die jeweiligen Zeitabschnitte gibt und die Höhe der Einzelkurven jeweils den Anteil anzeigt, der in der betreffenden Kultur geleistet werden muß.

Die Legende von DE SCHLIPPE lautet (in Übersetzung) folgendermaßen:

a) Hausgarten mit verschiedenen Pflanzen
   1 Arbeit vor der Aussaat
   2 Säen und Pflanzen
   3 Unkrautjäten
   4 Ernten

b) Erdhügelkultur
   1 Aufbauen der Hügel
   2 Aussaat von Mais und Kürbis
   2b Pflanzen von Süßkartoffeln
   3 Unkrautjäten
   4a, b, c Ernte von Mais, Kürbis und Süßkartoffeln

c) Mais und Süßkartoffeln
   1a Hacken
   1b Säubern von Hand und Brennen
   2a Aussaat Mais
   2b Pflanzen von Cassava
   2 Pflanzen von Süßkartoffeln
   3 Unkrautjäten
   4a, b Ernte von Mais bzw. der Süßkartoffeln

d) Mais und Ölsaatkürbis
   1a Hacken
   1b Säubern von Hand und Brennen
   2a Aussaat
   2b Ausstreuen der Hirse
   3 Unkrautjäten
   4a, b Sammeln und Ernten der Ölsaat und Hirse

e) Erdnuß-Hirse-Fruchtfolge
   1a Lichten und Hacken
   1b Brennen und Säubern von Hand
   1c Fällen von Bäumen
   2a Aussaat von Mais
   2b Pflanzen der Cassava
   2c Aussaat der Erdnüsse
   3a Unkrautjäten
   4/2 Ausmachen der Erdnüsse, Aussaat Hirse und Säubern
   3b Jäten des Hirsefeldes
   4a, b Ernte von Mais bzw. Hirse

f) Haupthirsefeld
   1a Lichten und Hacken
   1b Brennen und Säubern
   1c Fällen von Bäumen
   2a Aussaat Mais
   2b Pflanzen der Cassava
   2c Aussaat Hirse
   3 Unkrautjäten
   4a, b Ernte von Mais bzw. Hirse
   4c, b, e Ernte Sesam, Hyptis bzw. Hirse

i) Baumwollfeld
   1d Ausrupfen der Stiele, Hacken
   1b Verbrennen der Stiele
   1a Lichten und Hacken
   1b Brennen und Säubern
   1c Fällen von Bäumen
   2 Aussaat Baumwolle — 3 Unkrautjäten
   4 Ernte der Baumwolle

Legt man die Anteile für Lichten, Brennen, Hacken, Baumfällen und Unkrautjäten mit Flächensignaturen an, so wird der große Anteil deutlich, den diese Vorbereitungsarbeiten am Gesamtarbeitsaufwand haben. Besonders bemerkenswert ist der geringe Anteil von echter Bodenbearbeitung.

M 13 Rotationszyklen der Wald-Feld-Wechselwirtschaft, in Abhängigkeit von den klimatischen Vegetationsgürteln schematisch regionalisiert

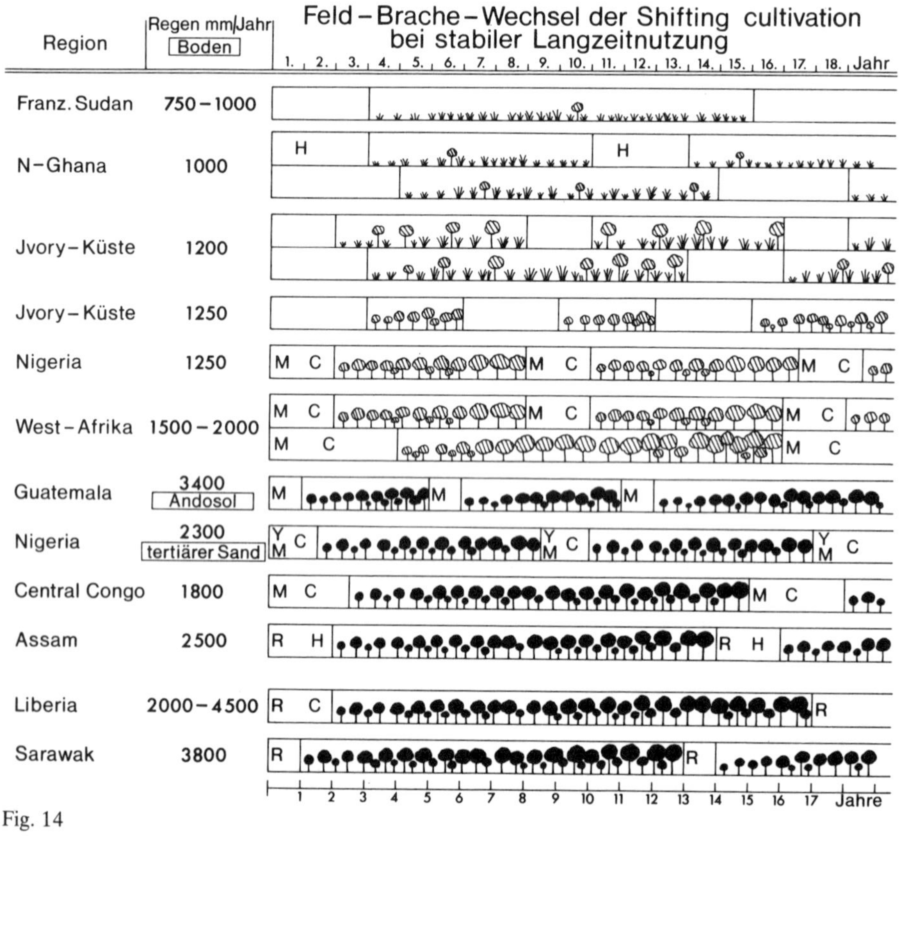
Region
Regen mm/Jahr
Boden
Feld – Brache – Wechsel der Shifting cultivation bei stabiler Langzeitnutzung
1. 2. 3. 4. 5. 6. 7. 8. 9. 10. 11. 12. 13. 14. 15. 16. 17. 18. Jahr
Franz. Sudan 750 – 1000
N-Ghana 1000
H
Jvory-Küste 1200
Jvory-Küste 1250
Nigeria 1250
M C
West-Afrika 1500 – 2000
Guatemala 3400 Andosol
M
Nigeria 2300 tertiärer Sand
Y M C
Central Congo 1800
Assam 2500
R H
Liberia 2000 – 4500
R C
Sarawak 3800
R
1 2 3 4 5 6 7 8 9 10 11 12 13 14 15 16 17 Jahre

Fig. 14

Die Angaben sind aus der tabellarischen Überschau der Daten entnommen, die NYE und GREENLAND (The soil under shifting cultivation. C. A. B. Farnham Royal, Bucks 1960) aus zahlreichen Originalarbeiten zusammengestellt haben.

Als Vegetationsgürtel sind unterschieden: immergrüner tropischer Regenwald, halblaubwerfender und laubwerfender tropischer Wald, Hochgras-(Feucht-)Savanne sowie Kurzgras(Trocken-)Savanne.

Die Buchstaben sind die Abkürzungen für die jeweilige Feldfrucht. R = Trockenreis, C = Cassava, H = Hirse, M = Mais, Y = Yams.

Die Niederschlagsdaten sind Näherungswerte. Angabe über Böden sind nur gemacht, wenn es sich nicht um die normalen zonalen Bodentypen (s. ZA 9) handelt. (Vgl. den Andosol im Beispiel für Guatemala mit den für immergrüne Waldgebiete ausnehmend kurzen Brachzeiten.)

Bei den meisten Beispielen ist jeweils die als normal anzusehende Rotationsfolge dargestellt, für Westafrika und Ivory-Küste ist zusätzlich eine zweite Rotation als Extremfall hinzugefügt, weil die Angaben für diese Gebiete einen zu großen Spielraum (6–12 bzw. 6–10 Jahre Brache) hatten.

M 14 Verteilung von Kultur- und Brachland bei der Wald-Feld-Wechselwirtschaft mit festen Siedlungen; Anteil der Kulturflächen im Af-Klima-Gebiet

I. Verteilung von Kulturland und Buschbrache um zwei Dörfer der Nupe in Zentral-Nigeria. (Aus: MORGAN, W. B.: The zoning of land use around rural settlements in tropical Africa. In: M. F. THOMAS und G. W. WHITTINGTON (eds.): Environment and Land Use in Africa. London 1969, S. 317.)

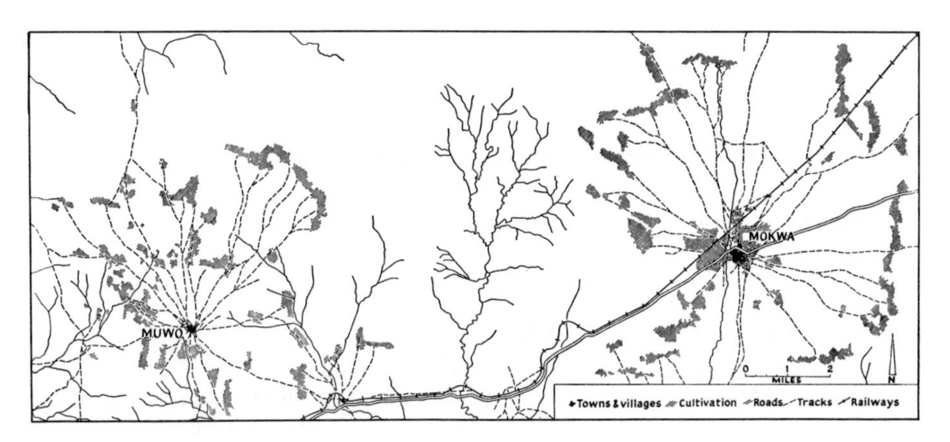

Fig. 15

„Die optimale Entwicklung von Landnutzungsringen um eine einzelne Siedlung tritt auf, wenn die Siedlung 2000 bis 3000 Einwohner hat, die eine Fläche zwischen 2 und 5 Meilen im Durchmesser nutzen (die ein beträchtliches Areal an wüstem Land, Busch, Wald und Brache erlaubt)" (MORGAN a.a.O.).

II. Jen-Hu CHANG berechnete 1968 speziell für die immerfeuchten inneren Tropen (Af-Klima Köppens) folgende Werte der agrarischen Inanspruchnahme im Vergleich zum globalen Mittel:

	Gesamte Landfläche (in 1000 ha)	Agrarfläche (in 1000 ha)	Anteil Agrar- an Gesamtfläche	Bevölkerung	Kulturfläche pro Einwohner
Erde	13570000	1457000	11,0 %	3,3 Mrd.	0,44 ha
Af-Klima-gebiete	549576 (4 % der Erde)	14028	2,6 %	41,2 Mill. (= 1,26 %)	0,34 ha

Nach J. H. CHANG: The agricultural potential of the humid Tropics. Geogr. Rev. 58, 1968, S. 333ff.

Wenn man bedenkt, daß im Globalmittel alle Kälte- und Trockenwüsten sowie die Region des Af-Klimas selbst mit eingerechnet sind, und sich trotzdem ein vierfach höherer Prozentsatz der Gesamtfläche für agrarische Nutzung ergibt, dann gewinnt der Wert von 2,6 % für die feuchten Tropen erst seine wirklich bescheidene Dimension.

Eine sehr instruktive Kartierung im Maßstab 1:26000 der Brandrodungsfläche im Hinterland von Monrovia (Rep. of Liberia) auf der Grundlage von Luftbildplänen ist der Arbeit von K.J. MAHNCKE: „Methodische Untersuchungen zur Kartierung von Brandrodungsflächen im Regenwaldgebiet von Liberia mit Hilfe von Luftbildern" beigegeben (Münchner Geogr. Abhandlungen, Bd. 8, 1973). Sie zeigt sehr deutlich das Verhältnis relativ geringer Kultur- zu einer großen Brachfläche im tropischen Regenwald.

Eine kleinmaßstäbige Wiedergabe einer entsprechenden Kartierung für das nördliche Nigergebiet ist in der unter M25 zitierten Arbeit von JANKE enthalten.

M 15 Vergleich der Erträge tropischer und außertropischer Landwirtschaft

I Erträge bei tropischer Wald-Feld-Wechselwirtschaft

GOUROU, P.: The Tropical World. London 1966:

Mittlere Reiserträge (1926/27–1930/31)

Länder der Mittelbreiten		Länder der Tropen	
Spanien	187 bushels/acre	Sierra Leone	62 bushels/acre
Italien	122 bushels/acre	Siam	50 bushels acre
Japan	107 bushels/acre	Indonesien	47 bushels/acre
USA	65 bushels/acre	Indien	41 bushels/acre
Korea	56 bushels/acre	Malaya	35 bushels/acre
		Indo-China	32 bushels/acre

Mittlere Maiserträge

Länder der Mittelbreiten		Länder der Tropen	
Argentinien	62,58 bushels/acre		
USA	50,66 bushels/acre	Brasilien	29,80 bushels/acre
Italien	47,68 bushels/acre	Belg. Congo	29,80 bushels/acre
Ungarn	44,70 bushels/acre	Indonesien	29,80 bushels/acre
Frankreich	38,74 bushels/acre	Indien	25,82 bushels/acre
Bulgarien	32,78 bushels/acre	Mexico	17,88 bushels/acre

		Ernteerträge (bushels/acre):		
	Gesamt	Protein	Carbohydrat	Fett
Weizen (Europa) USA	53,64	5,9	37,55	0,87
Reis (7 trop. Länder)	44,70	2,15	24,67	0,72

Tondeur (L'agriculture nomade. FAO Paris, 1956) hat für Bouaké (Elfenbeinküste) bei einer Rotation von zwei Anbau- und sechs Brachejahren folgende Werte angegeben: 1. Jahr Yams 4000 kg/ha, 2. Jahr Mais 350 kg/ha und Erdnuß 300 kg/ha.

Nye und Greenland (The Soil under Shifting Cultivation, London 1969) rechnen für Ghana mit 1200 kg Mais, 1200 kg Naßreis, 500 kg Erdnüssen, je 12000 kg Yams, Cassava oder Bananen pro ha.

Nach Manshard (1974, S. 57, Lit. ZA 1) wurden beim Chitimene-System mit der Asche von 2 bis 5 ha trockenen Miombo-Waldes auf einem Hektar Land rund 1500 kg Hirse geerntet.

Carol (Geogr. Zeitschrift, 1974) zitiert die Ergebnisse von 56 Beispielsaufnahmen im Chiweshe-Reservat, Rhodesien, wo die Eingeborenen einen Dauerfeldbau in der Rotation von Mais, Erdnuß und Millet-Hirse mit einem Flächenanteil von jeweils 74,9 %, 14,5 % und 10,6 % betreiben. Die mittleren Erträge sind 470 kg Mais, 222 kg Erdnuß und 195 kg Hirse pro ha. Hier macht sich der Bevölkerungsdruck im Zwang zum Dauerfeldbau und entsprechend geringen Erträgen deutlich bemerkbar. Im Vergleich dazu erzeugen rhodesische Farmer „im mittleren Niveau wissenschaftlicher Landwirtschaft" (dry-farming auf Dauerfeldern) in Darwin im Mittel über 20 Betriebe 2100 kg Mais, 669 kg Erdnuß und 830 kg Hirse pro ha.

Hodder (1973, Lit. s. ZA 4 und ZA 8) gibt Vergleichswerte des jährlichen Ausstoßes an landwirtschaftlichen Erzeugnissen pro Kopf und Jahr für die USA mit 2,5 t, Asien weniger als 0,25 t und Afrika unter 0,125 t an.

II Reiserträge im weltweiten Vergleich

Das Internationale Reisforschungsinstitut in Los Baños auf den Philippinen hat für die Dreijahresperiode 1962/63 bis 1964/65 ein weltweites Experiment durchgeführt, bei dem die Reisanbauer in tropischen und außertropischen Ländern die Möglichkeit bekamen, auf Probefeldern mit den bestbekannten Agrartechniken eine maximale Reisernte herbeizuführen. Das Ergebnis ist in dem Diagramm auf S. 58 aufgeführt, welches J. H. Chang (The agricultural potential of the humid tropics, Geogr. Rev. 58, 1968) veröffentlicht hat.

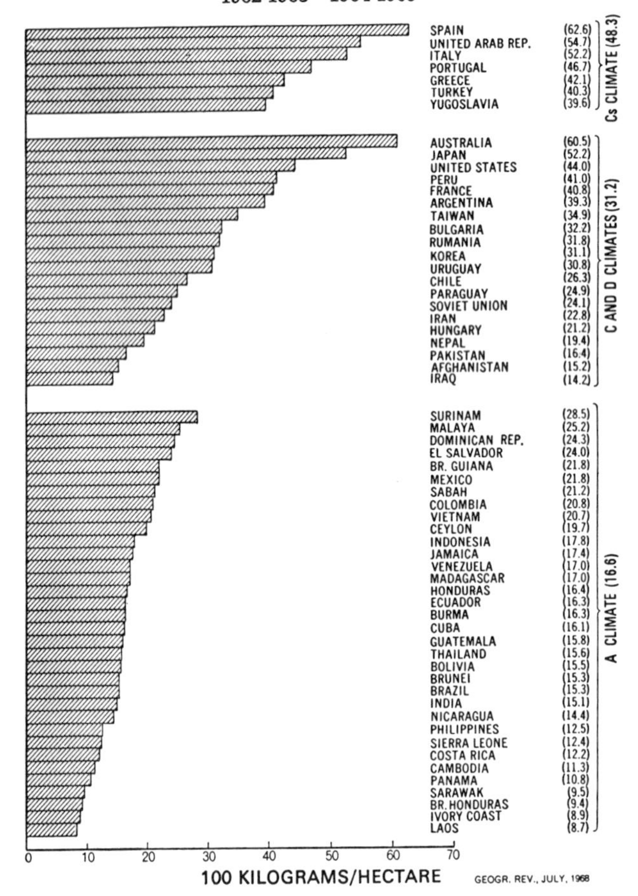

Fig. 16
Aus: S. H. Chang: The agricultural potential of the humid tropics (Geogr. Rev. 58, 1968).

Die Länder sind nach ihrer Zugehörigkeit zu verschiedenen Klimaregionen geordnet, obwohl bei der Größe mancher Staaten eine eindeutige Zuordnung nicht möglich ist.

Rund dreimal so hoch als in den Tropen liegt der Ertrag, der in den drei Jahren in den Ländern rund um das europäische Mittelmeer erzielt worden ist. Für Subtropen und Mittelbreiten zusammen ergibt sich ein Mittelwert von 3710 kg pro ha gegenüber den 1660 kg für die Tropen.

Chang vertritt die Auffassung, daß für die geringen Erträge der inneren Tropen vor allen Dingen die relativ geringe Netto-Photosynthese gegenüber den wechselfeuchten Tropen und besonders den strahlungsreicheren Subtropen verantwortlich sei. Aber die von ihm angeführten Daten sind in dieser Beziehung nicht überzeugend. Er hat nämlich für die Winterregen-Subtropen als Teststationen Algier, Los Angeles und Fresno in Kalifornien genommen, also Stationen, die in einer mittleren Breite von 33° liegen und die auch im Winter mit 11–12° C Temperaturen weit über der Wachstumsgrenze von 6° aufweisen.

Außerdem muß wohl angenommen werden, daß die ausgewählten Stationen hinsichtlich der Bewölkungsverhältnisse nicht als repräsentativ für den Mittelwert der Winterregen-Subtropen angesehen werden können. Er überschätzt auf diese Weise den klimatischen gegenüber dem pedologischen Einflußfaktor.

Sehr instruktiv ist der Vergleich des Produktionswertes der Land- und Forstwirtschaft in den Ländern der Tropen und Außertropen in der entsprechenden Karte der Arbeit von H. Boesch: Vier Karten zum Problem der globalen Produktion. Geogr. Rundsch. 1966, 81–85.

M 16 Verteilung der agrarischen Nutzfläche der autochthonen Bevölkerung in Afrika

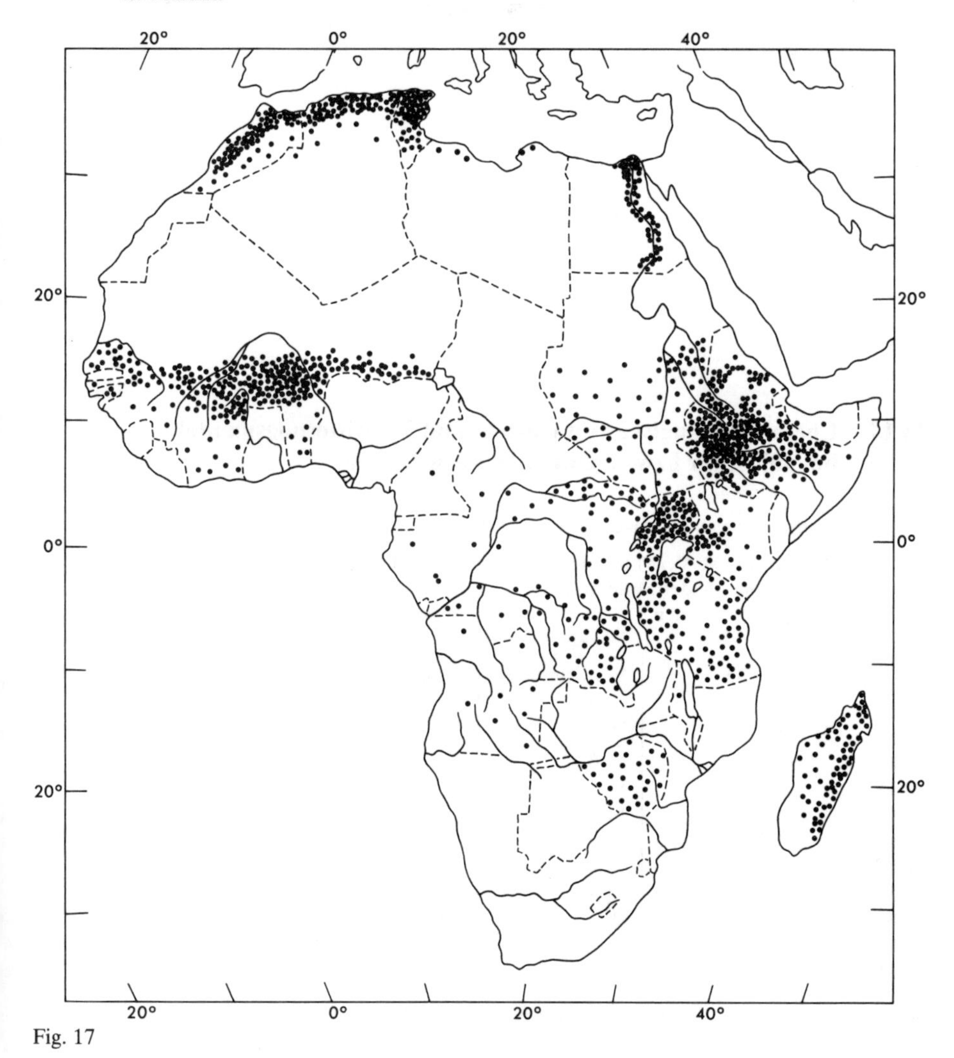

Fig. 17

Anmerkung:

Bezüglich des Literaturbezuges der Fig. 17 muß ich mich zu einem Werkstattunfall bekennen. Ich habe in der Vorbereitungsphase des Themas aus der Universitätsbibliothek ein englisch geschriebenes Werk entliehen, von den interessierenden Verbreitungskarten der von der Eingeborenenwirtschaft beanspruchten agrarischen Nutzfläche, der Rindvieh- sowie der Ziegenhaltung Diapositive anfertigen lassen und ein Literaturkärtchen ausgestellt. Letzteres ist verloren gegangen und alle Bemühungen, das Buch in der Universitätsbibliothek wiederzufinden, sind gescheitert. Leider enthalten die Verbreitungskarten selbst außer einem aufgedruckten Ahornblatt keinen Hinweis auf Autor oder Verlag. Die vorliegende Figur ist nach dem Diapositiv neu gezeichnet worden.

Für mich erhob sich die Frage, die Zeichnung wegzulassen oder mich zu dem Unfall zu bekennen. Ich habe mich zu letzterem entschlossen und wäre glücklich, vom Autor einen Hinweis zu bekommen und um seine Nachsicht nachsuchen zu können.

M 17 Chemische Analyse von Gestein und Verwitterungsmantel bei allitischer bzw. siallitischer Verwitterung

I. Verwitterung bei gleichem Ausgangsgestein (Dolerit-Basalt)

	Siallitische Verwitterung Braunerde der Mittelbreiten Großbritannien		Allitische Verwitterung Tropische Roterde Westghats bei Bombay	
	Gestein %	Verwitterungs- mantel %	Gestein %	Verwitterungs- mantel %
SiO_2	49,3	47,0	50,4	0,7
Al_2O_3	17,4	18,5	22,2	50,5
Fe_2O_3	2,7	14,6	9,9	23,4
FeO	8,3	–	3,6	–
MgO	4,7	5,2	1,5	–
CaO	8,7	1,5	8,4	–
Na_2O	4,0	0,3	0,9	–
K_2O	1,8	2,5	1,8	–
H_2O	2,9	7,2	0,9	25,0

(aus: SCHEFFER-SCHACHTSCHABEL: Lehrbuch der Bodenkunde, Stuttgart 1966)

II. Tropische allitische Verwitterung von Hornfels in Koulouba (Sudan)
Angaben in $^1/_{10}$ g für die Volumeneinheit von 1 cm^3

	Unzersetztes	Kaolinisiertes	Differenz	
Gewicht von 1 cm^3	261	140		
SiO_2	172	66,1	− 106	− 61,5
A_2O_3	37,4	46,5	+ 9,1	+ 24,5
Fe	13,8	6,3	− 7,5	− 54,4
Ca O	1	0,4	− 0,6	− 60
Mg O	4,2	0,1	− 4,1	− 97,5
Na_2 O	1,3	–	− 1,3	− 100
K_2 O	20,9	–	− 20,9	− 100
T_1O_2	1	1,2	+ 0,2	+ 20
H_2O	3,9	16,7	+ 12,8	+ 328

(aus Millot, G.: Geology of Clays, London 1970)

M 18 Mineralzusammensetzung tropischer und subtropischer Verwitterungsböden

Aus dem Werk von E. C. J. Mohr, F. A. van Baren und J. van Schuylenborgh: Tropical Soils. 3. ed. The Hague 1972, sind die in der auf S. 62 folgenden Tabelle zusammengestellten Werte von Mineralanalysen von verschiedenen Verwitterungsböden der immerfeuchten, wechselfeuchten, semiariden Tropen sowie Winterregensubtropen zusammengestellt.

Zu beachten ist, daß die Beispiele aus dem Bereich der ferrallitischen Böden über relativ günstigen Ausgangsgesteinen, nämlich basischen Vulkaniten, ausgebildet sind. Trotzdem ist der dominierende Kaolinitgehalt evident.

Bei den Böden der wechselfeuchten Tropen und der Subtropen ist trotz ungünstigeren Ausgangsmaterials das Tonmineralbouquet breiter und wesentlich anders zusammengesetzt.

Geogr. Lage	Profilzone (Tiefe in m)	Mineralzusammensetzung Gew.-%											c.e.c. m val/ 100 g	
		Qua.	Orth.	Plag.	Aug.		Goe.	Gibb.	Kaol.	Illit	Chlor.	Mont.		
Mangalore	I. 0,0–0,25 gelb-rot. Lehm	4,6					23,4		52,4	4,0			7,0	Ferrisol
Malabar	II. 0,25–3,5 harter Laterit	0,6					45,5		43,1	5,0			4,2	
> 2000 mm	III. 3,5–5,0 Laterit					Cord.	32,3	19,3	40,8	2,4			4,5	
Basalt	IV. 5,0–6,1 verwitt. Basalt	9,2	2,7	63,0	6,9	11,1	26,3	3,4	55,2	4,0			4,6	
Kalimantan	A_1 0,0–1,0 brauner Lehm						73,9	7,7	15,5			0,9		ferrallit. Boden
Borneo	B_1 1,0–2,0 braun-gelb						71,4	17,5	6,3			1,3	ca.	
> 2000 mm	B_2 2,0–5,0 ohne harte Zone					Serp.	74,3	17,4	1,6			2,8	3,9	
Peridodit	C_1 6,5–7,0	5,8					57,2				15,5	17,1		
	C_2 7,0–7,5 verwitt. Peridodit	21,5				13,0	39,6				17,5	7,2		
Salisbury														schwach ferrallit. Boden
Rhodesien	Oberboden	10,5		0,8			19,1		62,0	1,5		3,4		
850 mm	Unterboden	7,3		0,8			19,9		66,4	1,5		1,9		
1470 m NN	zersetztes Gestein	7,4		6,8		Oliv.	17,8		44,9	1,6		9,5		
Oliv.-Dolerit	Gestein			48,3	31,8	12,7								
											Hal.			fersiallit. Boden
Surinam	A_{11} 0,0–0,24 dunkelgrau-br.	73,4					1,1		11,8	4,4	3,7	3,7	6,9	
Küstenterr.	A_{12} 0,0–0,41 grau	60,8					1,7		17,5	7,0	5,0	5,4	7,9	
1900 mm	B_1 0,41–0,77 grau	48,3					4,9		21,0	9,3	5,1	8,9	9,4	
Pleistoz.	B_2 0,77–1,0 hellgrau	34,3					8,4		23,3	11,6	6,8	12,7	10,7	
sandiger Ton	B_3 1,0–1,4 hellgrau	42,2					11,5		18,3	10,6	5,0	10,1	9,8	
Gedaref	A_{11} 0,0–0,1 braun	21,2					10,9		46,6	7,0		11,6	4,5	brauner Steppenboden
Sudan	A_{12} 0,1–0,3 rötl.-braun	12,1					9,5		53,5	4,6		18,6	9,0	
730 mm	B_1 0,3–0,6 rötl.-braun	16,0		nur Tonfraktion			9,4		50,0	4,6		18,1	15,5	
Trockensavanne	B_{21} 0,6–0,8 rötl.-braun	13,2					9,7		52,6	4,6		18,1	22,6	
sandiger Ton	B_{22} 0,8–1,0 rötl.-braun	11,3		(15–45 %)			9,6		54,2	4,6		18,5	25,4	
	C sandiger Ton	12,5		50–80 % > 50 μ			8,5		54,7	3,8		19,0	27,4	
Spanien	Ap 0,0–0,15 gelb-braun	0,1					15,9		13,5	32,8		37,0	7,3	Mediterr. Boden
Madrid	A_1 0,15–0,3	0,2					16,9		21,0	29,8		31,5	6,0	
Wi-Regen	B_1 0,3–0,5	0,5		nur Tonfraktion			17,7		24,2	27,7		29,2	6,5	
Sil. Schiefer	B_2 0,5–1,0	0,5					21,4		32,2	20,2		25,3	17,0	
	B_3 1,0–1,3	0,4					19,7		28,0	18,5		32,9	24,5	
	C 1,3–1,5 verwitt. Schiefer												20,0	

M 19 Schematisierter Vergleich der ökologisch entscheidenden Eigenschaften von Böden der feuchten Tropen bzw. Außertropen

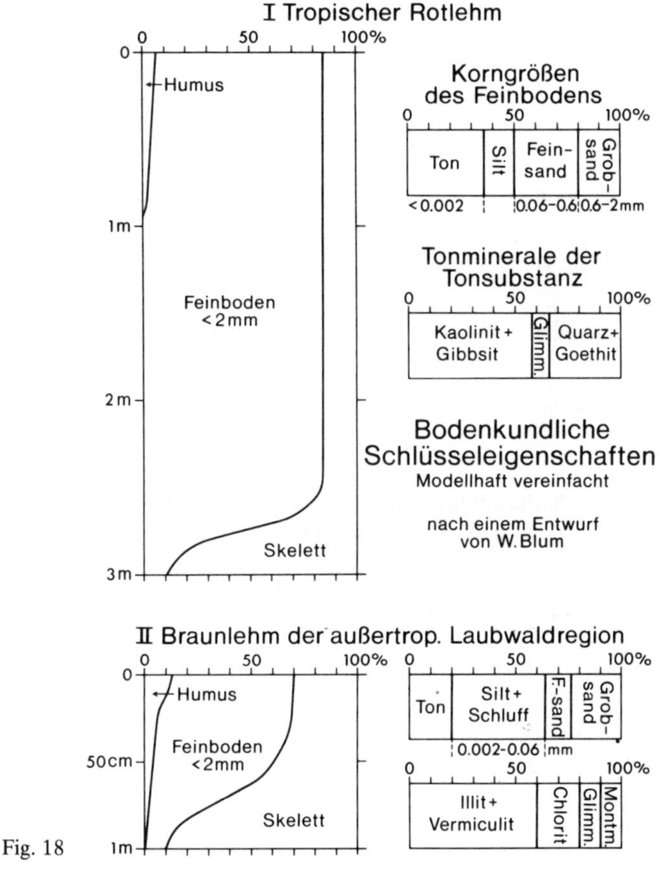

Fig. 18

In dem von W. Blum konzipierten Schema sind nur die vier Hauptcharakteristika

Mengenanteil des Bodenskeletts (mit dem größten Teil des noch aufschließbaren Restmineralgehaltes),

Gehalt an Humus als des einen Trägers von Austauschkapazität [vgl. ZA 10],

Mengenanteil der Tonsubstanz und

Art der beteiligten Tonminerale

in sehr stark generalisierter Form wiedergegeben. Vorausgesetzt wird bei diesem Schema, daß es sich um einen Verwitterungsboden über solidem Fels, nicht über akkumuliertem Lockermaterial handelt, daß der Felsuntergrund nicht vulkanischer Herkunft ist, daß normale Bodendrainage gewährleistet ist und daß über dem Boden die klimatisch entsprechende Waldvegetation stockt.

M 20 Horizontanalyse von Böden über Rhyolit im Gossi-Regenwald Äthiopiens

F. A. VAN BAREN: The pedological aspects of the reclamation of tropical, and particularly volcanic, soils in humid regions. In: Tropical Soils and Vegetation. UNESCO Paris 1961. 65–67

	Gehalt an:						
	C	P_2O_5	Ca	Mg	Na	Al	Mn
Bodentiefe:	%			ppm			
I. Profil 70							
0– 3 cm	10,9	56	510	160	100	58	0
3–15 cm	5,5	12	300	110	8	141	8
15–40 cm	1,4	3	80	20	10	161	8
40–90 cm	0,6	6	20	5	10	210	0
II. Profil 76							
0– 3 cm	10,5	43	1520	300	70	4	10
3–15 cm	2,6	10	750	170	20	20	7
15–40 cm	1,1	21	450	130	10	61	3,5
40–90 cm	0,5	16	200	60	10	87	7,5

M 21 Abhängigkeit der Austauschkapazität amazonischer Böden vom Ton- bzw. Kohlenstoffgehalt

Die beiden Diagramme sind entnommen aus: SOMBROEK, W. G.: Amazon Soils. Centre of Agricultural Publications. Wageningen 1966. 233.

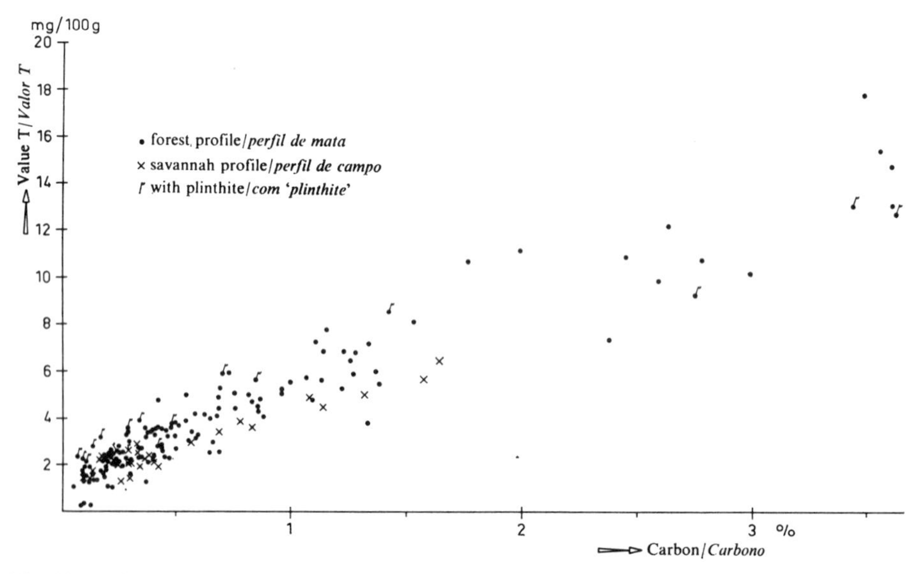

Fig. 19 Beziehung zwischen Kohlenstoffgehalt und Austauschkapazität für gut drainierte kaolinitische Tieflandböden Amazoniens.

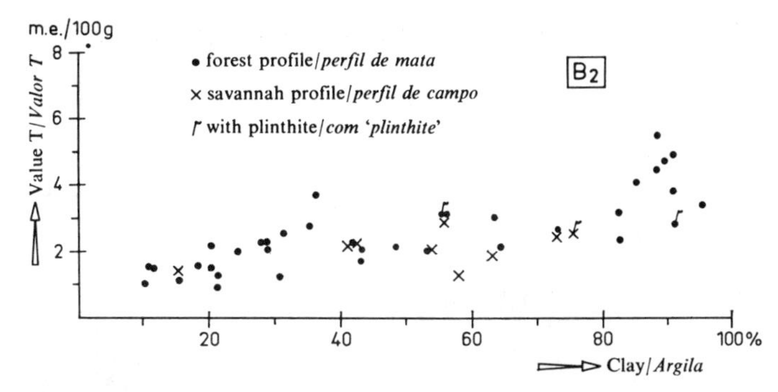

Fig. 20 Beziehung zwischen Tongehalt und Austauschkapazität in B_2-Horizonten gut drainierter kaolinitischer Tieflandsböden Amazoniens.

M 22 Nährstoffkreislauf im tropischen Regenwald

Die schematische Darstellung soll den fast geschlossenen Nährstoffkreislauf im Ökosystem des immergrünen tropischen Regenwaldes quantifiziert veranschaulichen.

Die Meßwerte stammen aus dem Werk von P. H. Nye und D. J. Greenland: The soil under shifting cultivation. Commonw. Bureau of Soil. Techn. Comm. No. 51. Commonw. Agric. Bureaux Farnham Royal. Bucks, Engl. 1960. Diese hat auch R. P. Moss seiner Darstellung des Nährstoffkreislaufes zugrunde gelegt: The ecological background to landuse studies in tropical Africa, with special reference to the West. In: W. F. Thomas und G. W. Whittington (eds.): Environment and Land Use in Africa. London 1969.

Die Daten gelten für einen 40jährigen immergrünen tropischen Sekundärwald in Kade, Süd-Ghana, über einem ferrallitischen Verwitterungsboden mit Phyllitgestein als Untergrund. Sie sind umgerechnet auf kg/ha und Jahr.

Ich hoffe, daß die schematische Zeichnung soweit klar ist, daß die Glieder des Kreislaufes nicht im einzelnen noch besprochen werden müssen. Vielleicht sollte zum rain wash angefügt werden, daß es sich um das Auswaschen von Nährelementen von den Blattoberflächen durch Tropfwasser handelt. Der größte Teil des Kaliums gelangt auf diese Weise z.B. zum Boden.

Bemerkenswert an dem System ist, daß der Erosionsverlust minimal gehalten wird. Er muß ebenso wie die im Wald gespeicherte Menge an Nährelementen durch die Mineralverwitterung bei der Gesteinsaufbereitung nachgeliefert werden. Zusammen machen die beiden Posten nur zwischen 10 und 20 % der jährlichen Umschlagrate der einzelnen Nährelemente aus.

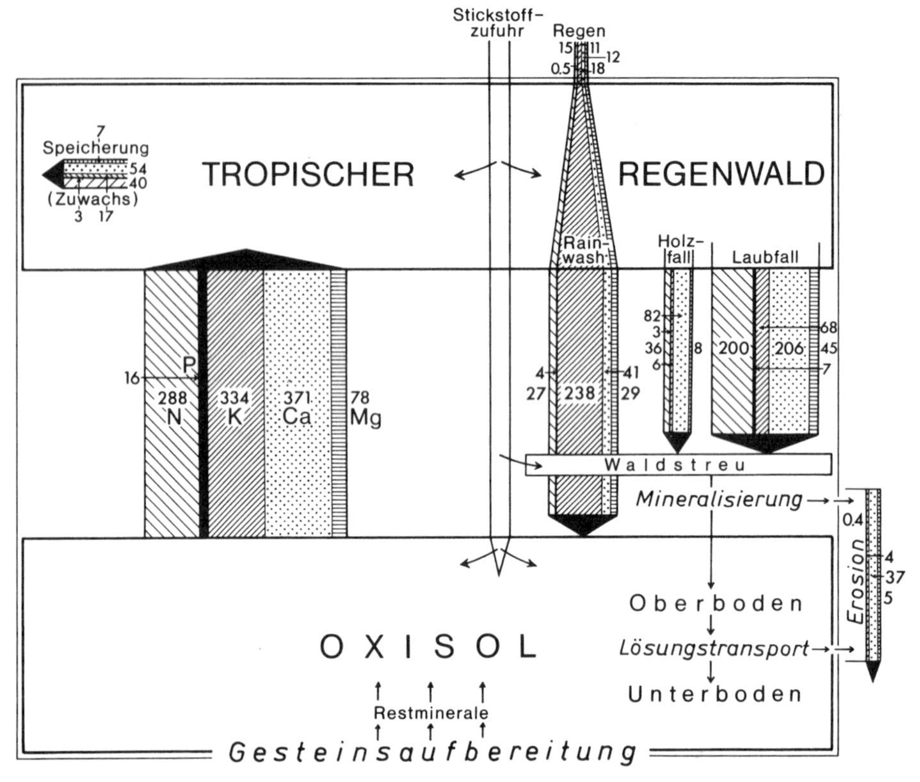

Fig. 21

M 23 Typische Tonmineralgehalte, pH-Werte und Austauschkapazitäten von Böden der Tropen und Außertropen

I. In den Typendiagrammen, die FITZPATRICK seinem Werk Pedology, Edinburgh 1971, beigegeben hat, sind die in Fig. 22 folgenden Korngrößen- und Tonmineralzusammensetzungen, Austauschkapazitäten, pH-Wert und Gehalte an organischer Substanz als charakteristische Standardwerte für einen ferrallitischen Rotlehm der feuchten Tropen, eine rotbraune Erde der trockenen Randtropen, einen braunen Waldboden der feuchten sowie eine Schwarzerde der semihumiden Mittelbreiten angegeben:

II. Bezüglich der Tonmineralausstattung charakteristischer Substrate und Böden von Agrarlandschaften der hohen Mittelbreiten seien noch folgende Angaben aus dem Standardwerk von George MILLOT: Geology of Clays. London 1970 referiert:

Die pleistozänen Tone Fennoskandiens bestehen im hohen Maße aus Illiten mit Chloriten als Akzessorien.

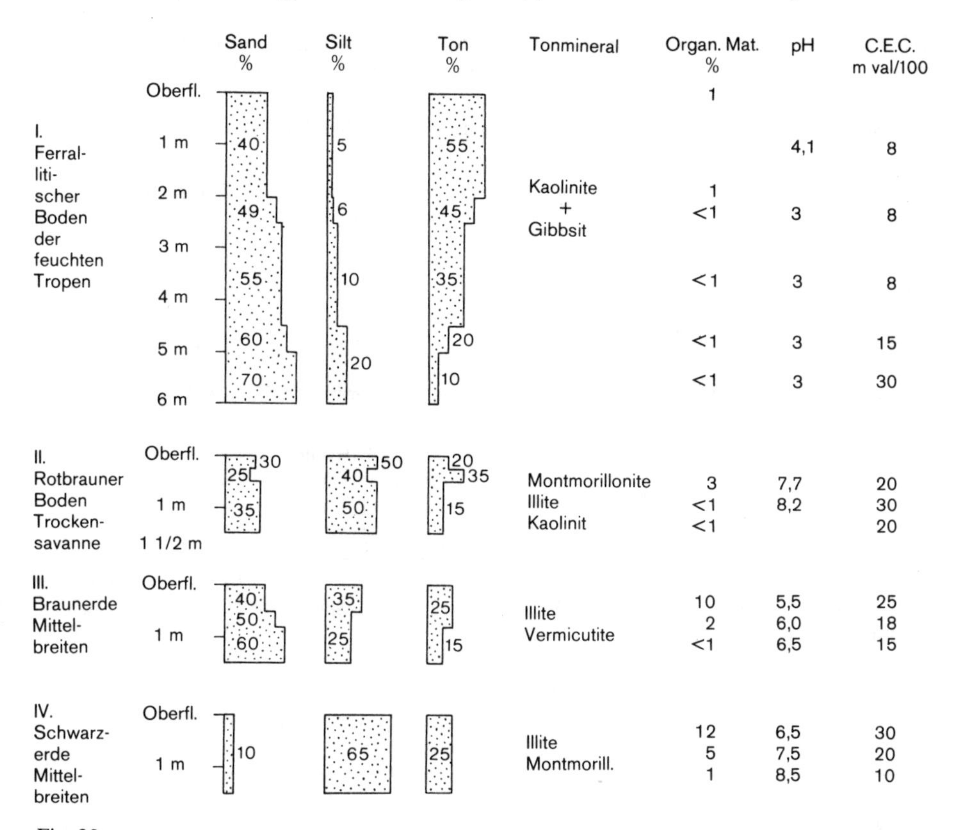

Fig. 22

Die Moränenablagerungen Mittel- und Westeuropas enthalten in der Tonfraktion ebenfalls in der Hauptsache Illite mit wechselnd starker Zumischung von Chloriten und Vermiculiten.

Im Löß Mitteleuropas dominieren Illite und Chlorite mit sehr geringen Zusätzen von Montmorilloniten und Kaoliniten. Im Lößgürtel der USA ist der Anteil der Montmorillonite allgemein etwas größer als in Europa, in Kansas stellt er wegen des hohen Anteils von Verwitterungsprodukten vulkanischer Herkunft sogar einen größeren Prozentanteil als die Illite.

Bei der Verwitterung des Löß zu Lößlehm wird der Montmorillonitanteil größer, der des Chlorits geringer. Mengenmäßig vorherrschend ist aber auch dann der Illit.

Flußablagerungen der Mittelbreiten weisen in der Tonfraktion jene Mischung von Tonmineralen auf, die in ihrem Einzugsbereich auftreten. Eine Transformation der Tonminerale findet beim Transport nicht statt. Erst im Kontakt mit dem Salzwasser im Bereich von Ästuaren und Deltas scheint eine Veränderung einzutreten; doch sind dazu noch genauere Untersuchungen notwendig.

Für typische Verwitterungsböden aus dem Oberrheingebiet werden von MILLOT folgende Analysenergebnisse mitgeteilt:

III. Beispiele typischer Tonmineralzusammensetzung wichtiger europäischer Verwitterungsböden (aus: George MILLOT: Geology of Clays. London 1970)

1. Lessivierte Braunerde über Lehm in Aspach-le-Bas (Haut-Rhin, France).

	Illite	Chlorite	Mischkristalle		Anteil	
			Illit/ Montmor.	Chlorit/ Vermiculit	Tonfraktion am Boden	pH
	%	%	%	%	%	
A-Horizont	30	50	Spuren	10	18,0	6,0
B-Horizont	30	60	Spuren	10	20,3	6,3
C-Horizont	30	70		Spuren	19,0	6,7

2. Lessivierte Braunerde über kalkreichen Feinsanden im nördlichen Haardt-Wald (Haut-Rhin, France)

	Illite	Chlorite	Montmor.	Mischkristalle		Anteil	pH
				Chlorite/ Illite	Chlorite/ Montmor.	Tonfraktion	
	%	%	%	%	%	%	
A-Horizont	80	20		Spuren		12,9	5,1
B-Horizont	60	20	20	Spuren	Spuren	28,2	5,5
C-Horizont	40	20	40			12,2	8,1

3. Humus- und eisenreicher Podsol über Granit in Baremberg (Bas-Rhin, France)

	Illite	Chlorite	Vermiculit	Illit/Vermiculit Mischkristalle
	%	%	%	%
A_0-Horizont	20		80	
A_1-Horizont	20		80	
A_2-Horizont	20		80	
B_1-Horizont	20		80	
B_2-Horizont	20	10	70	
C-Horizont	60	20	20	Spuren
Granit	80 (Glimmer)	20		

Mit diesen Daten ist eindeutig belegt, daß in jungen Sedimenten und rezenten Verwitterungsböden der feuchten hohen Mittelbreiten, der sog. gemäßigten Zone also, im Normalfall Tonminerale der Illit- und Chloritgruppe die absolut dominierende Rolle spielen.

In den Winterregensubtropen liegen die Verhältnisse wesentlich komplizierter, weil es sich um eine klimatische Übergangsregion handelt, in welcher erstens die sekundären Einflußfaktoren wie Ausgangsgestein, Vegetationsbedeckung und Bodenwasserhaushalt und außerdem zweitens die Klimaveränderungen seit dem Tertiär eine wesentlich größere Bandbreite der Tonmineralbildung ermöglichten. Die Folge ist, daß im allgemeinen zwar die Illite noch quantitativ am meisten vertreten sind, das Spektrum aber über erhebliche Montmorillonitanteile bis zu den Kaoliniten reicht, und daß das relativ breit gefächerte Tonmineralbouquet von Ort zu Ort stark schwankende quantitative Zusammensetzung hat.

M 24 Düngereffekte bei fortlaufender Rotation in Ghana nach NYE und GREENLAND, 1960

I. Kultur nach reifem Sekundärwald

		Mais (6 Versuche)				Cassava (6 Versuche)			
Jahre nach der Brache		1–2	3–4	5–6	7–8	1–2	3–4	5–6	7–8
Mittl. Ertrag in lb/acre		1180	510⁺	560⁺	790	13500	15800	11000	10500
Dünger-	N	1	–1	–7	4	–1	0	–8	6
effekte in %	P	18	33	49	48	4	4	1	–6
des mittleren	K	1	10	12	9	1	12	21	29
Ertrags	Ca	2	2	5	12	1	1	9	4

II. Kultur nach alter Hochgras-Savanne

		Getreide (4 Versuche)			Erdnuß (2 Versuche)				Yams (2 Versuche)	
Jahre nach der Brache		1–2	3–4	5–6	1–2	3–4	5–6	7–8	1–2	3–4
Mittlerer Ertrag in lb/acre		1010	854	1561	969	774	713	656	9140	7210
Dünger-	N	24	18	16	8	–2	3	–2	8	–8
effekte in %	P	7	20	27	21	11	15	26	–1	15
des mittleren	K	4	–6	–6	–2	–7	–4	4	0	2
Ertrags	Ca	0	5	1	4	6	4	5	–1	2

⁺ Schäden durch Rost

N: 1 cwt/acre Ammoniumsulphat zu jeder Pflanze
P: 1 cwt/acre einfaches Superphosphat (18 % P_2O_5) zu jeder Pflanze
K: $^1/_2$ cwt/acre Kali zu jeder Pflanze
Ca: 5–10 cwt/acre Kalk (CaO) zu Anfang und dann alle vier Jahre

(nach NYE und GREENLAND: The soil under shifting cultivation. Com. Agr. Bureaux, Techn. Com. 51, Harpenden 1960)

Im ersten Fall wurde in sechs Versuchsreihen nach zehnjähriger Brache für acht Jahre eine Rotation von Mais und Cassava über ferrallitischen Böden aufrecht erhalten und in der angegebenen Weise gedüngt. Mit Ausnahme des Superphosphats bei Mais ist das Ergebnis mager.

Für die andere Versuchsreihe wurde ein Stück Hochgras-Savanne gesäubert und neun Jahre eine Rotation von Hirse, Erdnuß und Yams angelegt. Beim Getreide waren zunächst relativ große Erfolge bei Stickstoff- und Phosphordüngung. Bei Erdnüssen und Yams kann man die Phosphordüngung noch als wertvoll bezeichnen.

Alle Versuchsreihen zeigen aber trotz der Düngergaben im Laufe der Zeit einen Rückgang der mittleren Erträge. NYE und GREENLAND führen noch eine Reihe von Versuchen anderer Autoren an und ziehen folgende allgemeine Schlußfolgerung (S. 92 in Übersetzung):

„Die Wirkung auf Stickstoff ist sehr gering, wo die Brache lang war (10 Jahre oder so), aber auf intensiver genutztem Land mit nur kurzen Brachen werden die Wirkungen größer.

Erfolge von Phosphor scheinen sowohl von Bodeneigenschaften als auch von der Nutzungsgeschichte abzuhängen. Große Wirkungen sind im Anschluß an lange Brachen erzielt worden und unbedeutende nach kurzen Brachen... Kleine oder mäßige Wirkungen auf Kalidüngung erfolgen häufig auf Land mit kurzer Brache oder solchem, das eine Anzahl von Jahren bestellt war."

Abgesehen davon, daß meistens nur von kleinen oder mäßigen Wirkungen gesprochen wird, ist offensichtlich die Brache immer als selbstverständlich vorausgesetzt. Außerdem treten bei zwei von drei Düngerarten die besten Erfolge jeweils nach langer Brachperiode auf. Von Aufhebung der Brache ist also nicht die Rede, allenfalls von gewisser Ertragssteigerung, wenn die Brachzeit lang genug ist.

M 25 Niederschlags- und Dürreperioden im Gebiet der Trockensavanne des Sudan

Als charakteristisch kann man die Daten ansehen, die B. JANKE (Naturpotential und Landnutzung im Nigertal bei Mamey/Rep. Niger, Jhrb. Geogr. Ges. Hannover 1972) für die afrikanische Trockensavanne mitgeteilt hat.

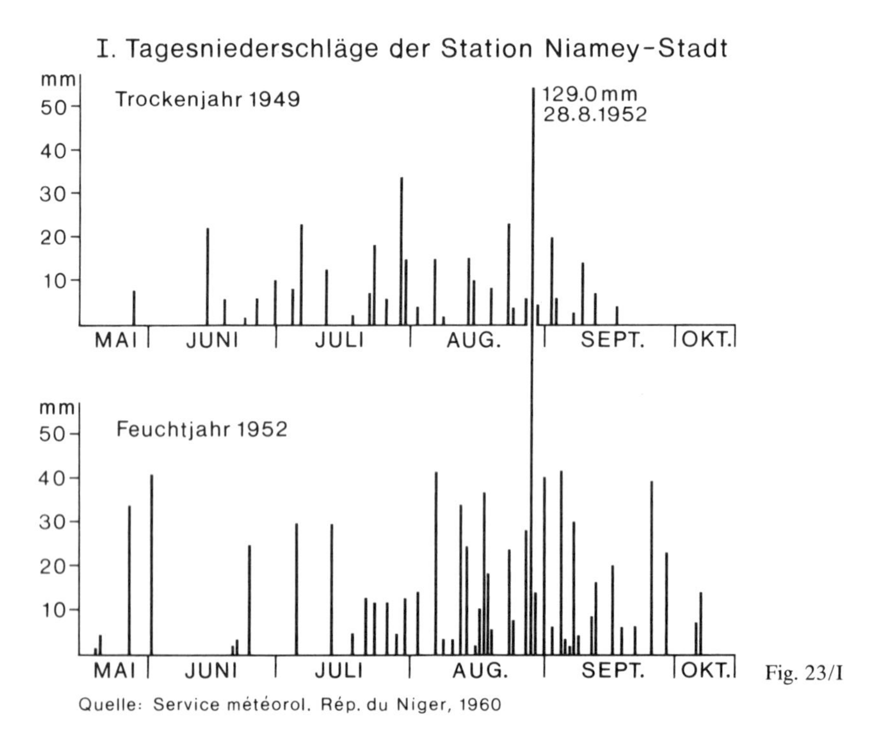

Fig. 23/I

Im ersten Diagramm sind die Niederschläge als Tageswerte je für ein Trocken- und Feuchtjahr dargestellt. Die Folge der ungleichen Verteilung und Menge war, daß 1949 „West-Niger nördlich der agronomischen Trockengrenze lag. Für die agrarische Landnutzung führte diese Niederschlagsverteilung zwangsläufig zu einer Mißernte" (JANKE a.a.O.).

Im Feuchtjahr 1952 hat sich die agronomische Trockengrenze um 200–250 km nach Norden verlagert und im gesamten West-Niger war Trockenfeldbau möglich.

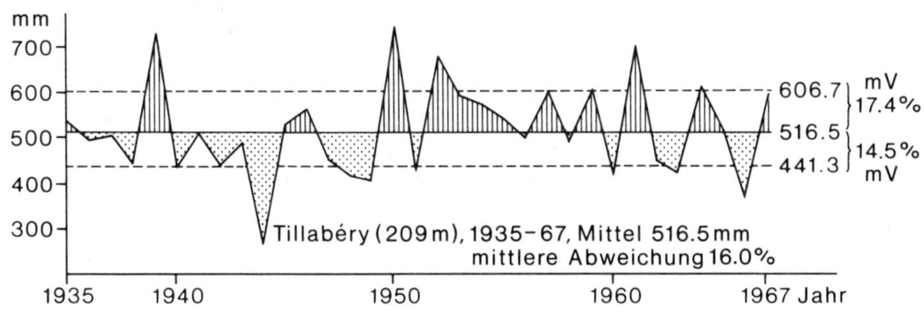

Fig. 23/II

Das zweite Diagramm zeigt im zeitlichen Verlauf der Jahresniederschlagssummen von 1935 bis 1967 für eine Station nahe der Trockengrenze des Feldbaus außer der großen Variabilität von Jahr zu Jahr den längerfristigen Wechsel von „guten und mageren Jahren". Von 1967 bis 1973 muß man die jüngste Dürreperiode hinzufügen.

H. FLOHN (Dürren im Sahelgürtel. Weiträumige Zusammenhänge zyklischer Witterungsanomalien, BP-Kurier III/1974, 20ff.) führt als weitere Dürreperioden 1907 bis 1913, um die Jahrhundertwende, um 1829 bis 1834 an. Einen guten Überblick über den Verlauf der Zyklen gibt die Aufeinanderfolge der in den Einzeljahren erreichten maximalen mittleren Monatswerte der Wasserführung des Niger [s. M 30].

M 26 Kultur- und Bewässerungsflächen der Dekkan-Staaten

Staat	Gesamtfläche	Kultivierbar	Angebaut	Bewässerbar netto	Bevölkerung Gesamt in Mill.
	in 1000 ha (1964/65)				
Andra Pradesh	24475	17292	11484	3158	35,98
Orissa	15540	9407	5989	977	17,55
Mysore	18909	14468	10419	960	25,59
Maharastra	30773	22842	18232	1150	39,53
Madhya Pradesh	44234	25302	16735	1074	32,37
Madras	13015	8897	6032	2434	33,69

Quelle: India. Irrigation and Power Projects. Five Year Plans. New Delhi 1967.

Kartographische Darstellungen der ländlichen Bevölkerungsdichte, des Bevölkerungswachstums und der Überbevölkerung in der Indischen Union enthält das Werk von John J. CLARKE: Population Geography and the Developing Countries. Oxford 1971.

M 27 Der Hirakud-Staudamm und das mit ihm verbundene Bewässerungsgebiet im Staat Orissa am Mahanadi (Daten s. M 29)

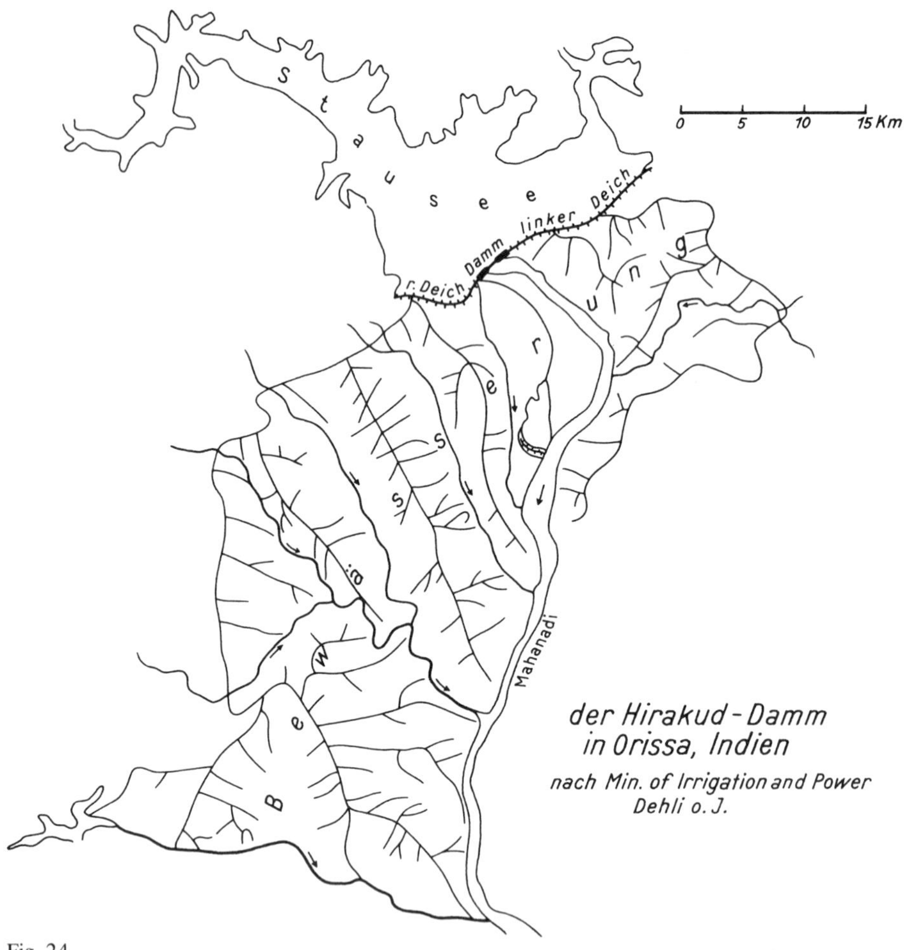

Fig. 24

M 28 Abflußgang des Mahanadi

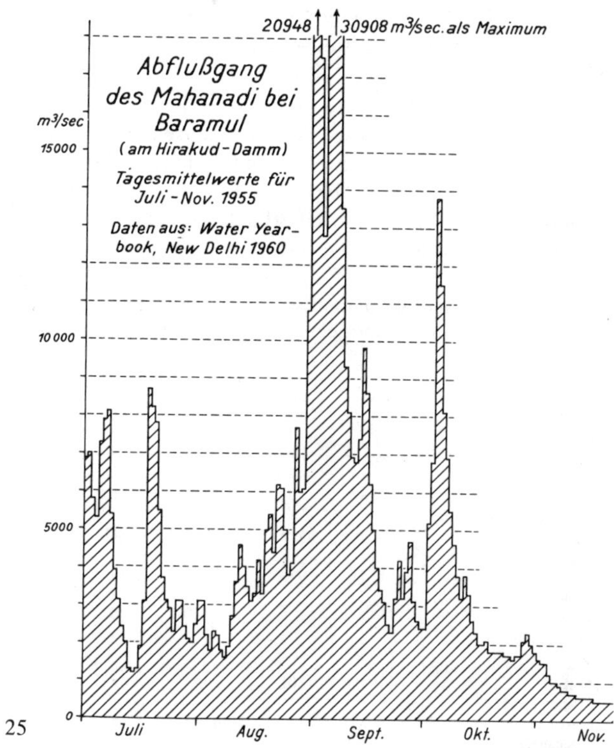

Fig. 25

M 29 Daten neuerer Dammbauprojekte in den wichtigsten Dekkan-Staaten im Vergleich mit anderen Gebieten der Erde

Um dem Einwand subjektiver Auswahl vorzubeugen, sind in der nachfolgenden Tabelle *alle* Projekte aufgeführt, welche in dem Werk India: Irrigation and Power Projects, Five Year Plans (New Delhi 1967) der indischen Regierung für Bewässerungszwecke ausgewiesen sind.

Die Zahlen belegen die Aussage, daß mit hohem technischem Aufwand ein relativ geringer Vorrat an nutzbarem Wasser gewonnen wird, besonders deutlich, wenn man Projekte ähnlicher Dimension aus den USA zum Vergleich heranzieht. Deshalb sind einige Daten über den Hoover- und Grand-Coullee-Damm hinzugefügt.

Interessant ist auch die Gegenüberstellung mit den Bewässerungsanlagen in den Subtropen der Alten Welt. In der jüngsten Ausgabe des World Register of Dams (Paris 1973) sind als größte Dammlängen für Algerien Werte zwischen 800 und 980 m, Tunesien 500 und 660 m (1970 der letzte Damm mit 1300 m), Marokko 670 und 785 m angegeben.

Unter den hunderten von Staudämmen in Spanien ist der Sotonero-Damm mit 3859 m als alle anderen weit übertreffende Ausnahme 1700 m länger als der nächstfolgende Cobre-Damm (2126 m). Dann gibt's noch zwei um 1500 m, fünf um 1000 m. Alle anderen haben nur Längen von ein paar hundert Metern.

Die größten Projekte im Irak sehen für die Zukunft Dämme von 3500 m am Tigris und 2800 m am Euphrat vor.

Eine ausgewählte Überschau über die in den drei Fünfjahresplänen zwischen 1951 und 1966 verwirklichten sowie die vorher schon vorhandenen wichtigsten Stau- und Kanalanlagen, die dazu notwendigen finanziellen Mittel und die Jahre der Fertigstellung gibt G. ROUVÉ, Head of Hydraulic Engineering Laboratory of the Indian Institute of Technology Madras, in: Ein Überblick über die Wasserwirtschaft Indiens. Die Wasserwirtschaft 55, Stuttgart 1965, 396–404.

Daten über die in der Informationsschrift der indischen Regierung für die wichtigsten Dekkan-Staaten angeführten Dammbauprojekte zur Ausweitung der künstlichen Bewässerung

Staat Damm, Projekt (Fluß)	Damm max. Höhe m	Beton- und Mauerwerk Länge m	 Inhalt 10^6 m³	Erdschüttung Länge m	 Inhalt 10^6 m³	Wasser nutzbares reservoir 10^6 m³	 Gesamt-	Bewässe- rungs- fläche ha
Andra Pradesh:								
Kadam (Nebenfluß Godavari)	40,6		0,432	2102	1,33	137	215	34400
Nagarjunasagar (Krishna)	124,7	1450	5,605	3414	2,35	6797	11558	830000
Pochampad (Godavari)	42,7	958	0,668	13651	8,20	2299	3170	230000
Gotta Dam (Vamsadhara)	34,8	?	0,150	2042*	1,44	?	456	?
Orissa:								
Hirakud (Mahanadi)	61	4801	1,14	20661	17,08	5822	8100	242820
Salandi (Salandi)	51,8		0,201	818*	2,91	557	566	67383
Mysore:								
Hidkal (Ghataprabha)	50		0,99	8841*	7,28	614	660	101175
Tungabhadra (Tungabhadra)	49,4	2441*	0,988		0,17	3324	3767	37637
Bhadra (Bhadra)	71,6	440*	0,787		0,39	1789	2023	99015
Kabini (Kabini)	59,5		0,386	2701*	1,67	435	544	51874
Almatti Dam (obere Krishna)	34,8	1631*	0,746		0,19	2090	2350	242820
Siddapur Dam (obere Krishna)	23,6	6951*	0,317		3,64	700	791	
Maharastra:								
Vir (Nira)	34,7	3607*	0,741		1,21	266	328	26710
Bagh (Bagh)	22,9		0,062	1052*	1,02	187	203	33671
Girna (Girna)	55	963*	0,292		1,98	526	611	57208
Itiadoh (Garvi)	30		0,032	602*	0,87	414	470	46136
Khadakwasla (Ambi)	58		0,07	832*	2,93	275	312	22298
Mula (Mula)	46,6		0,178	2820*	7,38	609	736	65561
Yeldari (Purna)	51,4		0,200	4786*	2,20	814	962	61514
Siddashwar (Purna)	38,3		0,140	6306*	0,82	74	247	
Pawna (Pawna)	42,9		0,180	1700*	1,80	271	305	189695
Ujjani (Bhima)	51,8	2332*	0,760		0,15	1439	3113	

Staat Damm, Projekt (Fluß)	max. Höhe m	Damm Beton- und Mauerwerk Länge m	 Inhalt 10^6 m³	 Erdschüttung Länge m	 Inhalt 10^6 m³	Wasser nutzbares reservoir 10^6 m³	 Gesamt-	Bewässe- rungs- fläche ha
Jayakwadi (Godavari)	36,6		0,420	9904*	11,78	2069	2605	141645
Krishna (Krishna)	35,0		0,07	3342*	1,03	129	175	?
Warna (Warna)	58,4		0,12	1474*	7,73	996	2467	99058
Madhya Pradesh:								
Barna (Barna)	46,6		0,143	396*	0,23	407	486	66435
Tawa (Tawa)	51,0		0,636	1823*	3,11	2087	2311	303560
USA								
Hoover (Colorado)	221	379*	3,36*				36700	
Grand Coullee	168	1272*	8,02*				11743	
Schweiz								
Dixence	285	695	5,95				400	größte Vol. der Schweiz

* Gilt für die Gesamtlänge des Dammes.

Quelle: India Irrigation and Power Projects (Five Year Plans) New Delhi 1967

M 30 Abflußdaten einiger Flüsse des Dekkan-Plateaus und des Niger im Vergleich zu Rhein und Donau (Außertropen) sowie Columbia River (Subtropen)

Die Daten sollen die entscheidenden Dimensionsunterschiede der Abflußwerte der Flüsse in den wechselfeuchten Tropen bzw. Monsungebieten gegenüber denjenigen der Winterregen-Subtropen bzw. ganzjährig feuchten Außertropen belegen.

Eingetragen sind in den Diagrammen für Krishna, Godavari, Rhein, Donau und Columbia jeweils der maximale Tagesabfluß sowie der maximale und der minimale Monatsmittelwert der Tagesabflüsse der Jahre von 1931 bis 1960. Bei Krishna und Godavari sind letztere oft so klein, daß sie sich nicht mehr einzeichnen lassen.

Beim Vergleich der Abflußmengen untereinander muß jeweils die Dimension der Einzugsgebiete in Rechnung gestellt werden. Krishna und Godavari haben an den gewählten Pegeln nur halb so große Einzugsgebiete wie Donau und Columbia. Die „normalen" maximalen Tagesabflüsse liegen aber beträchtlich höher, und vor allem weisen sie Extrema auf, welche in Flüssen außerhalb der Tropen nicht vorkommen können.

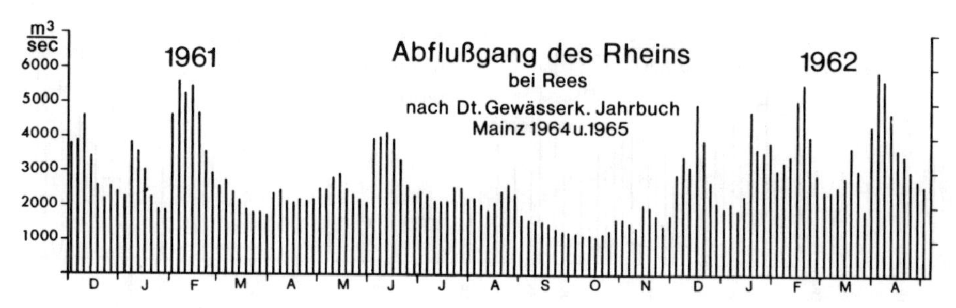

Fig. 26

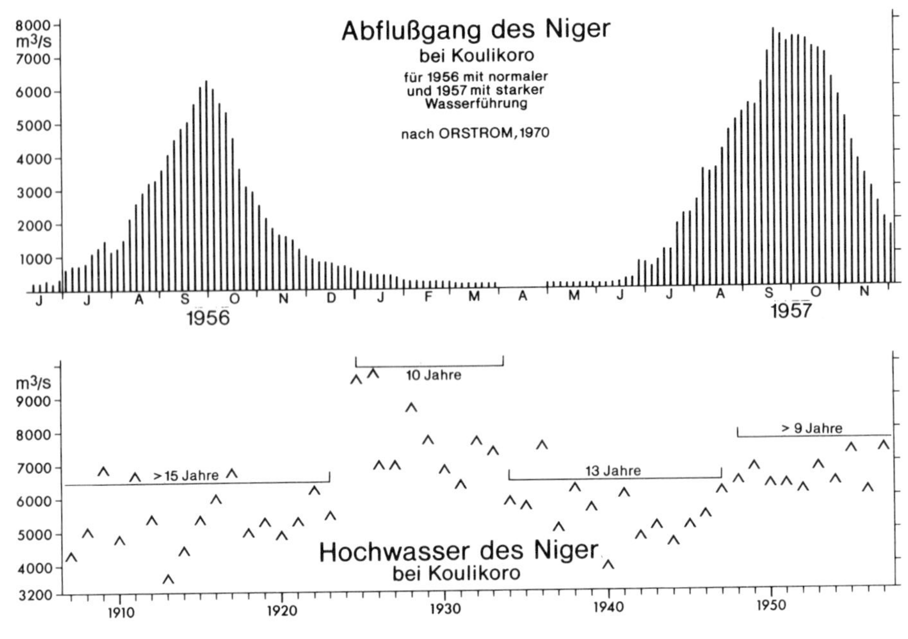

Abflußgang des Niger
bei Koulikoro
für 1956 mit normaler
und 1957 mit starker
Wasserführung
nach ORSTROM, 1970
8000
m3/s
7000
6000
5000
4000
3000
2000
1000
J J A S O N D J F M A M J J A S O N
1956
1957
m3/s
9000
8000
7000
6000
5000
4000
3200
10 Jahre
> 15 Jahre
13 Jahre
> 9 Jahre
Hochwasser des Niger
bei Koulikoro
1910
1920
1930
1940
1950

Fig. 27

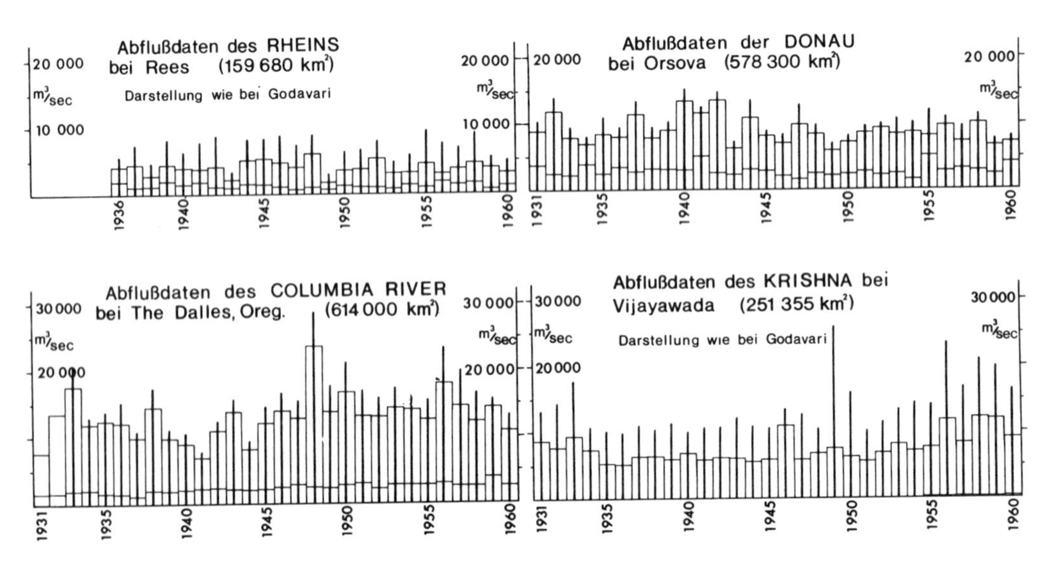

Abflußdaten des RHEINS
bei Rees (159 680 km²)
Darstellung wie bei Godavari
20 000
m³/sec
10 000
1936
1940
1945
1950
1955
1960
Abflußdaten der DONAU
bei Orsova (578 300 km²)
20 000
m³/sec
10 000
1931
1935
1940
1945
1950
1955
1960
Abflußdaten des COLUMBIA RIVER
bei The Dalles, Oreg. (614 000 km²)
30 000
m³/sec
20 000
1931
1935
1940
1945
1950
1955
1960
Abflußdaten des KRISHNA bei
Vijayawada (251 355 km²)
Darstellung wie bei Godavari
30 000
m³/sec
20 000
1931
1935
1940
1945
1950
1955
1960

Fig. 28

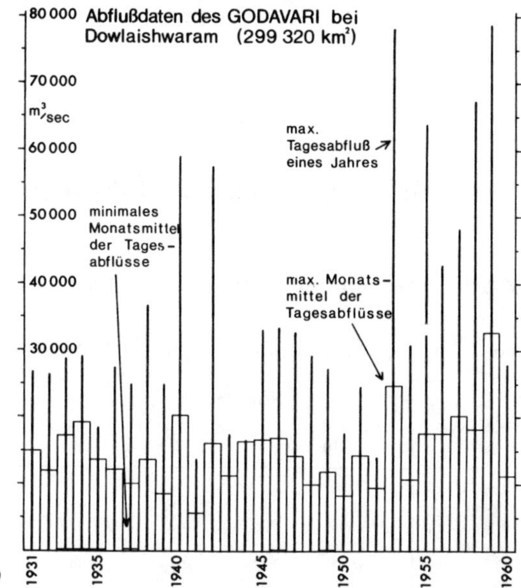

Fig. 29

Der Rhein stellt sich gegenüber den Monsunflüssen als ein harmloses Gewässer dar, dessen großer Vorteil in der relativen Gleichmäßigkeit der Wasserführung liegt. Selbst der Krishna erreicht jedes Jahr maximale Tagesabflüsse, die größer sind als die absoluten Extremwerte des Rheins während vieler Jahrzehnte.

In der Größe der maximalen Tagesabflüsse ist der Rhein allenfalls mit dem Niger in seinem Oberlauf vergleichbar. An der Darstellung der Hochwässer für die Jahre 1907–1957 ersieht man allerdings, daß der Niger in seinem Abflußverhalten stark beeinflußt wird vom Wechsel niederschlagsreicher und -armer Jahresfolgen, die im Bereich der Sahel-Zone charakteristisch und mit verheerenden Folgen verbunden sind [vgl. M25]. In den trockenen Perioden entsprechen die maximalen Abflüsse noch den normalen des Rheins, in den regenreichen Jahren übersteigen sie jene um fast das Doppelte.

Literatur:

UNESCO: Discharge of selected rivers of the world. Vol. II Monthly and annual discharges recorded at various selected stations. Paris 1971.

Office de la recherche scientifique et technique outre mer (ORSTOM): Monographie Hydrologique du Bassin du Niger. 1ère Partie: Le Niger superieur et le Bani. Paris o.J.

Landesamt für Gewässerkunde Rheinland-Pfalz: Deutsches gewässerkundliches Jahrbuch. Rheingebiet 1961/1962. Mainz 1963 bzw. 1964.

III Zusätzliche Ausführungen

ZA 1 Flächenanteile der geographischen Großregionen

Verteilung von Land und Wasser auf die Breitenzonen

	Nordhemisphäre				Südhemisphäre			
Geograph. Breite	Wasser 10^6 km²	Land	Wasser %	Land %	Wasser 10^6 km²	Land	Wasser %	Land %
90° – 75°	7,266	1,496	82,9	17,1	0,522	8,239	6,0	94,0
75° – 60°	9,993	15,652	38,9	61,1	19,721	5,924	76,9	23,1
60° – 45°	17,540	23,137	43,0	57,0	40,087	0,590	98,3	1,7
45° – 30°	29,246	23,586	55,4	44,6	48,698	4,734	91,0	9,0
30° – 15°	40,082	21,261	65,4	34,6	47,035	14,308	76,8	23,2
15° – 0°	50,568	15,149	77,0	23,0	50,901	14,816	77,4	22,6
Zusammen:	154,695	100,281	60,7	39,3	206,364	48,611	80,9	19,1

Nach: MEYERs Handbuch über das Weltall. Mannheim 1964, 120.

Zwischen 30° N und S umfaßt die Landfläche also 65,5 Mill. km², das sind rund 35 % der gesamten Landmasse.

Es spielt für die nachfolgende Abhandlung keine Rolle, ob man die Tropen nach dem Vorgehen Köppens mit Hilfe der 18°-Isotherme des kältesten Monats umgrenzt oder eine von anderen Autoren vorgeschlagene thermische oder pflanzengeographische Grenze zur Hilfe nimmt. Das umfaßte Areal verändert sich nicht entscheidend.

Kartographische Zusammenstellung der verschiedenen Abgrenzungen in Abb. 1 bei Manshard, W.: Einführung in die Agrargeographie der Tropen, Mannheim 1968, oder in Manshard, W.: Tropical Agriculture. London 1974, Fig. 2.1 S. 7.

Da für die Köppensche Klimagliederung der Erde eine Auswertung nach Fläche und Bevölkerung vorliegt, nimmt man natürlich die Köppensche Tropengrenze.

Literatur:

Wagner, H.: Die Flächenausdehnung der Köppenschen Klimagebiete der Erde. Pet. Geogr. Mitt. 67 (1921)

Starzewski, J.: Bevölkerungsverteilung nach den Klimagebieten von W. Köppen. Pet. Geogr. Mitt. 105 (1961)

ZA 2 Literaturverweis zur Trockenfeldbaugrenze

Siehe dazu die Karte der autochthonen Landwirtschaft unter M8.

Eine interessante tabellarische Übersicht mit der schematisierten Zusammenfassung regionaler Übereinstimmungen von Dauer der humiden bzw. ariden Jahreszeiten, natürlicher Vegetationsformation und landwirtschaftlicher Nutzung in Tropen und Subtropen findet man bei MANSHARD: Einführung in die Agrargeographie der Tropen. B. J. Mannheim 1968 bzw. Tropical Agriculture. Longman, London 1974.

Kartographische Darstellungen der agronomischen Trockengrenzen für verschiedene Teile der Erde und detaillierte Ausführungen über den Wettbewerb ökologischer Varianten in der ökonomischen Evolution der Farmwirtschaften im südlichen Afrika und in den westlichen USA enthält die Arbeit von ANDREAE, B.: Die Farmwirtschaft an den agronomischen Trockengrenzen. Erdkundl. Wissen, Heft 38, Wiesbaden 1974.

ZA 3 Bevölkerungs- und agrarisches Produktionswachstum für verschiedene Großregionen der Erde

Eine kurze, prägnante, mit entsprechenden Diagrammen untermauerte Darstellung des „größten Dilemmas der Entwicklungspolitik" – der Nahrungsmittelversorgung – findet man im Aufsatz von Th. DAMS: Entwicklungspolitik des Westens in der Krise? (In: DAMS, Th. (Hrsg.): Entwicklungshilfe – Hilfe zur Unterentwicklung. München 1974). Aus dieser Arbeit stammt die folgende Darstellung.

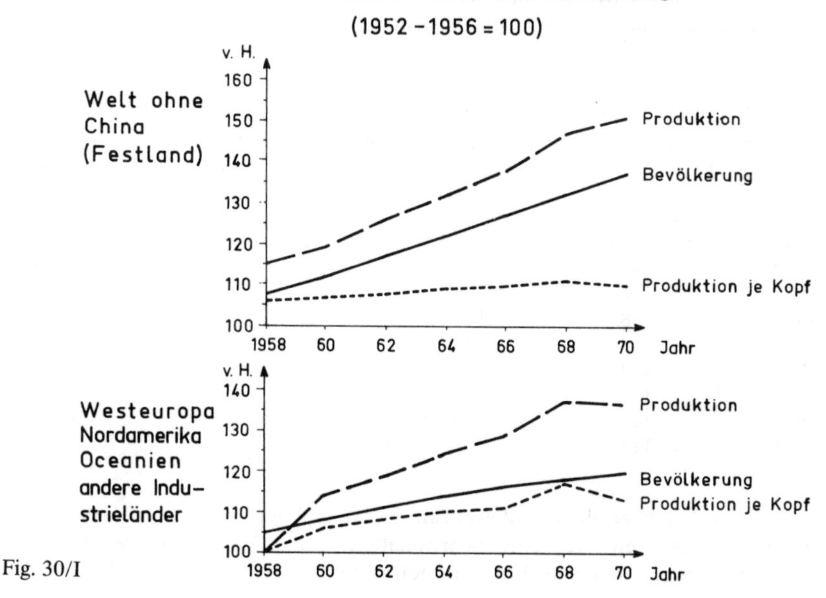

Fig. 30/I

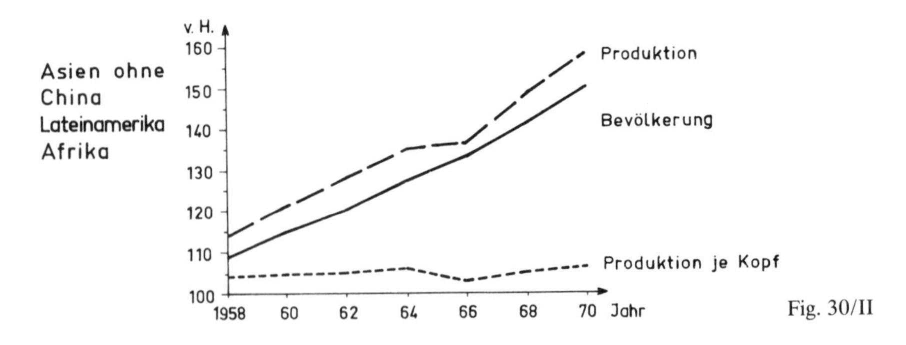

Fig. 30/II

Quelle: FAO, Rom 1971, S 1 ff., The State of Food and Agriculture, 1971
und: Produktion Yearbook 1971, FAO, S 15ff.

Seit Mitte der sechziger Jahre zeigt sich noch eine vergleichsweise günstige Entwicklung im Zuge der sog. „Grünen Revolution".

„Die ‚Grüne Revolution' hat in den letzten Dekaden durch Einführung neuer Weizen- und Reissorten in manchen tropischen Ländern Fortschritte, im tropischen Afrika aber bisher keine bedeutenden Ergebnisse gebracht" (MANSHARD, 1974, 191).

Indien hatte einen enormen Aufschwung in den guten Monsunjahren. 1972 brachte die Trockenheit einen schweren Rückschlag. Und es wird eine enorme Menge an künstlichem Dünger und Pestiziden benötigt (MANSHARD, 1974, 193). Lit. s. ZA 1.

Über Erfolg und Grenzen der Grünen Revolution siehe auch WEISCHET, W.: Die Grüne Revolution. Fragenkreise 23520. Schöningh Paderborn 1978. 32 S.

MULLICK, M. A.: Wie steht es um die Grüne Revolution? In: Entwicklung und Zusammenarbeit. BMZ Bonn, 1973.

Die Grüne Revolution in Pakistan. Segen oder Unheil? Geogr. Rundschau 24, 1972, S. 10–12.

Für 19 Länder Lateinamerikas geben J. M. HUNTER und J. W. FOLEY (Economic Problems of Latin America, 1975, S. 56) folgende agrarische Produktionsindizes der Jahre 1960–1971 (1961–1965 = 100):

Agrarproduktion	Gesamt	pro Kopf der Bevölkerung
1960	89	97
1961	94	99
1966	108	100
1967	113	101
1968	114	100
1969	116	99
1970	120	99
1971	123	99

Aus all den Daten ergibt sich übereinstimmend, daß der Produktionsfortschritt nur knapp mit dem Bevölkerungswachstum Schritt halten kann. „Die äußerst prekäre Lage wird erst deutlich, wenn (statt der Nahrungsmittelproduktion) der (wahre) Nahrungsmittel*bedarf* in die Kalkulation einbezogen wird!“ (DAMS in o.a. Arbeit). Aus der Übersichtskarte unter M5 geht beispielsweise hervor, daß in fast allen Tropenländern die tägliche Nahrung im Durchschnitt der Bevölkerung um mindestens 500 Kalorien, das sind 20 % der angestrebten Menge von 2500 Kal./Tag, unter derjenigen in den Ländern Europas und Nordamerikas liegt. Beim Eiweiß fehlen in vielen Staaten 10 bis 20 g pro Kopf und Tag. Die Agrarproduktion der letzten Jahrzehnte reicht also gerade, den Mangel nicht noch größer werden zu lassen.

Schwierig in Maß und Zahl zu erfassen sind die Nahrungsmitteleinfuhren der betroffenen Länder. Für die Mitte der fünfziger Jahre ist für die westafrikanischen Staaten eine Arbeit von W. B. MORGAN (Food imports of West Africa. Econ. Geogr. 39, 1963, 351ff.) zugänglich.

Damals bewegten sich die Lebensmitteleinfuhren der westafrikanischen Staaten mit Ausnahme von Senegal in erträglichen Grenzen. 1956 mußten nur sechs Länder mehr als 4 % ihres gesamten Nahrungsbedarfes von Übersee importieren. Senegal benötigte 35,2 %, Gambia 13,6 %, Sierra Leone 10,3 %, Ghana 8,2 %, Elfenbeinküste 6,5 %, Liberia 4,7 % und Nigeria sogar weniger als 1 %. Eingeführt wurden vor allem Zucker mit 32,3 %, Weizen und -mehl mit 26,1 % sowie Reis mit 25,6 % der Gesamtimporte. Es waren also keine Luxusgüter. Trotz aller Anstrengungen im Innern und Handelsrestriktionen nach außen wurden Anfang der sechziger Jahre in den wichtigsten Ländern mehr Lebensmittel als im Jahre 1956 eingeführt. Die folgende Tabelle gibt die neuesten Zahlen aus dem Handelsjahrbuch der FAO.

I Getreide gesamt
(Weizen und -mehl, Reis, Gerste, Mais, Hafer, Roggen)

	Importe 100 Tonnen				Exporte 100 Tonnen			
	1967	1968	1969	1970	1967	1968	1969	1970
Indonesien	5650	12461	10640	14067	1588	660	1548	
W.-Malaysia	6621	7044	6631	7895	525	253	128	186
Indien	90567	56569	39846	39217	47	32	160	532
Brasilien	25503	27204	24462	20792	4663	14158	7328	15749
Surinam	270	278	320	221	247	319	200	210
Guayana	499	484	327	474	1016	957	744	677
Congo	216	236	260					
Kamerun	506	630	600	913	2	10	1	1
Ghana	1208	1145	1115	1065	1	–	–	–
Guinea	306		326	264				
Ivory-Coast	859	1117	1104		2	1	1	1
Niger	108	47	99					
Nigeria	1258	1080	1967		–	–	–	–
Senegal	2375	2657	3283	2386	131	230		
Togo	99	94	132	182				
Zaire	1826	1405	1565	1126				
Dahomey	157	119	225					
Liberia	407	522	351	583				
Sierra-Leone	525		377	1246				
BRD	67896	62668	62947	78902	7864	8172	15723	28381

II Zucker

	Importe 1967	1968	1969	1970	Exporte 1967	1968	1969	1970
	100 Tonnen				100 Tonnen			
Indonesien	412	1172	846	1144	–	–	–	–
W.-Malaysia	2395	3177	3158	3641	3	6	–	113
Indien	–	13	12	–	1776	1636	950	2395
Brasilien					10013	10262	10990	10262
Surinam					80	68	39	–
Guayana	1	3	1	4	2980	2983	3555	3221
Congo	–	–	–	–	608	92	313	–
Kamerun	151	144	150	152	–	–	–	1
Ghana	651	950	738	1271				
Guinea	113	121	130	–				
Ivory-Coast	350	400	412	551	1	1	2	–
Niger	78	37	83	102				
Nigeria	821	352	728	944	6	6	–	–
Senegal	665	594	600	741	2	–	–	–
Togo	90	122	91	82				
Zaire	101	71	54					
Dahomey	87	126	94					
Liberia	43	39	41	65				
Sierra-Leone	245	275	271	314				
BRD	3197	2849	1812	1945	219	1269	1183	1360

nach FAO: Trade Yearbook 25, Rom 1971

ZA 4 Thesen über die Bedeutung von natürlichen Ressourcen bzw. sozio-ökonomischen Maßnahmen für die Entwicklung eines Landes

Im Zuge der Ableitung muß ich mich im Hauptteil auf eine, wegen der Kürze, notwendigerweise kraß gegensätzliche Formulierung beschränken. Die Diskussion mancher Generation von Erd- und Wirtschaftswissenschaftlern zu dem Thema weist natürlich viele Zwischenpositionen auf. Es führt m. E. nur vom Thema ab, sich mit ihnen an dieser Stelle im einzelnen auseinanderzusetzen. Gleichwohl erscheinen mir einige zusätzliche Erörterungen – gewissermaßen als Denkanstöße angebracht.

Von Soziologen und Ökonomen wird häufig „der grobe Determinismus von Geographen" kritisiert, wie er beispielsweise in folgenden Arbeiten zum Ausdruck kommt:

SEMPLE, E. C.: Influences of Geographic Environment. New York 1911.

HUNTINGTON, E.: Civilization and Climate. New Haven 1915.

PARKER, W. N.: Comment in J. J. SPENGLER (ed.): Natural Ressources and Economic Growth, Washington 1961.

Einige Gegenthesen sind:

Die Entwicklung in Europa und Nordamerika während des 19. Jahrhunderts spricht eklatant gegen den dominierenden Einfluß der natürlichen Ausstattung. (MEADE, J. E.: Trade and Welfare. Fair Lawn 1955.)

BAUER und YAMEY (The Economics of Underdeveloped Countries, Cambridge 1957) stellen lakonisch fest: „Der Schöpfer hat die Welt nicht in zwei Sektoren geteilt, einen entwickelten und einen unterentwickelten, wobei der erstere reichlicher mit natürlichen Gütern gesegnet wurde als der letztere.“

Es ist möglich, das Fehlen natürlicher Ressourcen zu kompensieren durch die Substitution von Kapital oder Arbeit und durch soziale und ökonomische Verbesserungen einschließlich Erziehung und Management (KINDLEBERGER, C. P.: Economic Development. New York 1966).

Nach HODDER (Economic Development in the Tropics, Menthuen, London 1973) zeigt ein Überblick über die natürlichen Ressourcen wie Wasser, Wald, Böden, Mineralien oder Energie, daß nur geringe Korrelation zwischen dem Vorkommen dieser Ressourcen und dem Niveau der ökonomischen Entwicklung in irgendeinem bestimmten Tropenland vorhanden ist. Die Anwesenheit oder Abwesenheit von natürlicherweise vorkommenden materiellen Hilfsquellen bestimmt in keiner Weise unverrückbar die ökonomische Entwicklung eines Landes (HODDER, 1973).

Wenngleich man zur Zeit auch noch stärker das Unwissen als das erreichte Wissen bezüglich der physikalischen Einflußfaktoren unter natürlichen Umweltbedingungen in den Tropen betonen muß, so läßt sich doch feststellen, daß keine Gründe für die Annahme vorhanden sind, daß fehlende natürliche Ressourcen irgendwo eine Limitierung ökonomischer Entwicklung sind oder als Entschuldigung für den gegenwärtig relativ niedrigen Lebensstandard in irgendeinem Teil der Tropen gelten können.

Jede realistische Analyse einer gegebenen Entwicklungssituation muß von der Annahme ausgehen, daß die natürliche Hilfsquellenbasis potentiell einer angemessenen Entwicklung adäquat ist, wenn man nur genügend über die Hilfsquellen weiß und die richtige Planungsanpassung an die gegebenen Möglichkeiten und Begrenzungen gefunden hat (HODDER, 1973).

Der frühere Standpunkt von den außergewöhnlichen natürlichen Reichtümern der Tropen ist ebenso falsch wie die moderne Betrachtungsweise, daß sie relativ arm sind. Das Problem ist, daß man die speziellen Bedingungen bisher nicht ganz verstanden hat (HODDER, 1973).

Der Besitz natürlicher Reichtümer verschafft allerdings einen gewissen Anfangsvorteil für die wirtschaftliche Weiterentwicklung. Bei diesen Argumentationen spielen dann solche Güter die entscheidende Rolle, die sich direkt in Devisen umsetzen lassen (Erdöl, seltene Bergbauprodukte), für die auf dem Wege des Austausches die materiellen und wissensmäßigen Hilfsinstrumentarien aus anderen Ländern importiert werden, mit denen man die noch vorhandenen Fesseln sozioökonomischer Unterentwicklung zu sprengen gedenkt.

Dahinter steht die für die politische Praxis der Gegenwart absolut richtige und notwendige Auffassung von der prinzipiellen Ausgleichsmöglichkeit durch Austausch. Zahlreiche internationale Organisationen, ein großer Teil des Welthandels, Beweggründe der Weltpolitik, ganze Wirtschaftsbereiche mit einem schier unüberschaubaren Schrifttum basieren darauf.

Wer wollte die Wirkung des weltweiten Austausches von heute bestreiten!?

Der Fehler liegt im Absolutheitsanspruch der kontradiktorischen Aussagen, und ein Mangel der Diskussion besteht in der Chancenungleichheit der Argumentation auf der einen und der anderen Seite.

Den Absolutheitsanspruch mag man außer an den als Beispielen aufgeführten Formulierungen auch darin erkennen, daß den Bezeichnungen „Determinismus“, „environmentalism“ (dieser Terminus wird in den USA meist gebraucht) oder gar „Determinist“ meist etwas Degoutierendes anhängt. Hinter jeder sog. „deterministischen“ Argumentation muß aber nicht gleich geistiger Materialismus vermutet werden. Nur Differenzierung in der Sache kann weiterhelfen.

Man sollte nicht von natürlichen Ressourcen in allgemeiner oder in kumulativer Form sprechen. Es muß erstens unterschieden werden zwischen Naturbedingungen, die durchgreifen, und solchen, die durch menschliche Initiativen kompensierbar sind. Zweitens muß berücksichtigt werden, daß auch diese Unterscheidung nicht absolut ist, sondern einem Wandel im Laufe der technischen und geistigen Entwicklung der Gesellschaften unterliegt. Und drittens gibt es dann noch den Unterschied, daß sich die Folgen eines früheren, vergangenen Durchgriffes von Naturbedingungen forterben oder schnell auswachsen. Das Entscheidungsmodell ist also:

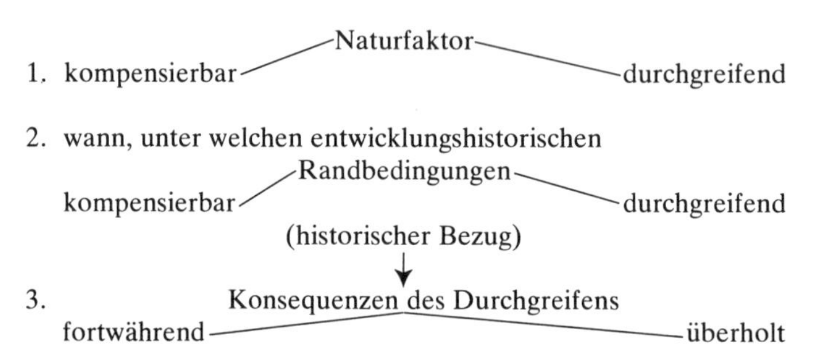

ZA 5 Literatur Hutchinson

Vollständiger heißt die sehr treffende Formulierung „the technological quickfix with an ecological backlash“. Hutchinson ist ein bekannter amerikanischer Limnologe. Das Zitat stammt aus „Ecological biology in relation to the maintenance and improvement of the human environment“. In: Applied Science and Technical Progress. Proc. Nat. Acad. Sci. Washington 1967, 171–184.

Studierenswert sind in diesem Zusammenhang die Kapitel über die Nährstoffkreisläufe allgemein und speziell den der Tropen im Standardwerk von Odum, E. P.: Fundamentals of Ecology. Philadelphia, London, Toronto 1971.

ZA 6 Nutzungszyklus bei shifting cultivation nach Nye und Greenland

Für das Gebiet der halblaubwerfenden Feuchtwälder im Süden Ghanas findet sich in dem grundlegenden Werk von P. K. Nye und D. J. Greenland: The soil under shifting cultivation. Commonwealth Bureau of Soils. Techn. Com. No. 51. Com. Agric. Bureaux. Farnham Royal. Bucks. 1960, über das Nutzungssystem der shifting cultivation folgende anschauliche Schilderung (in Übersetzung):

„Für jemanden, der mit den gut geordneten Feldsystemen bei Anbau einer einzelnen charakteristischen Feldfrucht in den mehr fortgeschrittenen Landwirtschaftssystemen vertraut ist, wird der erste Blick einer Eingeborenen-Subsistenzwirtschaft in Ghana eine befremdliche Konfusion hervorrufen. Da gibt es keine klaren Grenzen der einzelnen Felder. Während einzelne Teile endgültig unter Kulturpflanzen sind, finden sich andere unter einem dicken, wieder wachsenden Wald. Da gibt es eine Mittelgruppe, in der Dauerfrüchte noch überleben zwischen einem wieder zunehmenden Wald. Einige Flecken des Landes haben nur eine Art von Kulturpflanzen, während andere eine Mixtur bis zu einem halben Dutzend in einer zufällig scheinenden Mischung aufweisen.

Ein bißchen Ordnung kommt in das Durcheinander, wenn man ein Landstück in seiner Entwicklung über ein paar Jahre verfolgt. Die Geschichte beginnt mit einem Stück Wald von ungefähr 1 acre, das ein Farmer vom Stammeschef zum Clearing zugewiesen bekommen hat. Während der Trockenheit fällt er die Lianen und kleinen Bäume, die mittleren später auch noch. Einige dickstämmigere läßt er stehen. Wenn die Masse der Vegetation trocken ist, brennt er alles ab. Die Asche bleibt auf der Oberfläche liegen. Sobald die Regenzeit beginnt, pflanzt er Mais mit einem Grabstock in die humushaltige poröse obere Bodenzone, die sich unter der Waldbrache entwickelt hat. Sie ist ungefähr zwei inch tief und besteht in der Hauptsache aus Wurmhaufen. Er zerstört zunächst den natürlichen Bodenzustand zwischen den Pflanzlöchern nicht. Während dieser Zeit ist der größte Teil der Bodenoberfläche unbedeckt und den ersten heftigen Regen ausgesetzt. Die waschen einen Teil der Asche weg, zum Teil auch ein bißchen Bodenoberfläche. Während die erste Frucht wächst oder kurz nachdem sie geerntet ist, pflanzt der Farmer Cassava und im Normalfall eine ausdauernde Frucht wie Cocoyams oder Banane. Kleine Stückchen vom Land werden für Pfeffer, Spinat und andere Gemüse reserviert, die meistens von den Frauen betreut werden. In der Regenzeit wachsen die Pflanzen relativ schnell und am Ende der Regenzeit ist das ganze Land gut mit Vegetation bedeckt. Während des nächsten Jahres werden die Bananen und einige der Cassava und Cocoyams geerntet, während die anderen ins dritte oder vierte Jahr hinein im Boden bleiben. So wie sie gebraucht werden, werden sie geerntet und bleiben am Ende im nachwachsenden Wald zurück. Von dem umgebenden Busch her springt nun die natürliche Vegetation wieder in die Clearings hinein. Die Hauptmasse des Sekundärwaldes wird sehr bald von relativ lichtliebenden Pflanzen beherrscht. Nach fünf Jahren ist dieser Sekundärwald 20, nach zehn Jahren 50 Fuß hoch. Wenn man ihn weiter wachsen läßt, werden die lichtliebenden Pflanzen mehr und mehr von Klimaxarten verdrängt.

Wenn dann wieder eine neue Clearing gemacht wird, haben sich die Grenzen der alten Parzellen und Felder verloren, und die neuen stimmen nicht mehr mit den alten überein. Es ist auch möglich, daß ein Stück vom ursprünglichen Feld nach fünf Jahren, ein anderes nach zehn und ein drittes nach zwanzig Jahren erst wieder gesäubert wird. Wegen dieser Unregelmäßigkeit ist es nicht einfach, die Länge der Buschbrache zu bestimmen. Normal sind drei Jahre Kultur und acht Jahre Brache. Dann scheint die Fruchtbarkeit aufrecht erhalten zu bleiben."

ZA 7 Wald-Feld-Wechselwirtschaft der Bakumu bei Stanleyville (Kongo) nach W. ALLAN

Sehr anschaulich geschilderte und gleichzeitig quantitativ gewertete Beispiele tropischer Nutzungssysteme gibt William ALLAN aus seiner jahrzehntelangen praktischen Erfahrung in Afrika in seinem Buch: The african husbandman, London 1945. Aus diesem Standardwerk ist die folgende Darstellung des Systems der Bakumu (in Übersetzung) entnommen:

„Die Bakumu leben im Distrikt Stanleyville, westlich des Kongo. Aus dem Bereich kommt ein großer Teil der Grundnahrung für die Stadt. Die Nahrungsproduktion wurde deshalb stimuliert, und es mag sein, daß etwas mehr Land in Kultur ist, als es für eine normale Subsistenzwirtschaft notwendig wäre. Es gibt viel Arbeitslosigkeit in der Stadt, und das Department of Agricultur hilft jedem Mann, der eine Subsistenzwirtschaft aufmachen will, indem es ihm Äxte, Hacken und Saatgut zur Verfügung stellt. Aber die meisten jungen Menschen lehnen ab; sie bevorzugen, unbeschäftigt zu bleiben.

Wir fuhren hinaus, um uns das anzusehen, was möglicherweise ein Modelldorf genannt werden kann: nett, sauber, eine Schule, ein Gemeinschaftshaus, ein kommunaler Getreidespeicher für eine Gruppe von ungefähr 250 Familien. Von diesem Dorf aus folgten wir einem engen Pfad durch das schwüle Halbdunkel des Waldes, wo die Stämme der Urwaldriesen, lianenverhangen und 150 bis 200 Fuß hoch, solide Wälle auf beiden Seiten abgaben. Der Boden unter den Füßen war leicht, meistens Sand mit fahlem leblosem Aussehen. Ich fühlte einige Sympathie für die jungen Menschen, die es vorzogen, unbeschäftigt zu bleiben. Es schien unglaublich, daß die Waldbewohner solche überwältigende Vegetation hätten lichten können mit keinen besseren Werkzeugen als ihren kleinen eisernen Äxten. Aber sie taten es wirklich, denn der größte Teil der riesigen Wälder des Kongobeckens ist heutzutage eine Sekundärformation.

Das Lichten des Sekundärwaldes ist etwas weniger schwierig, aber doch noch eine sehr arbeitsreiche Aufgabe. Ein guter Mann, wurde mir gesagt, räumt jedes Jahr ungefähr $1^1/_4$ acre, aber das Mittel mag etwas unter einem acre liegen.

Die anfängliche Fruchtbarkeit ist erheblich. In der Regel wird im März Mais ausgesät – manchmal auch etwas später – und im Juli wird er geerntet. Es folgt dann Trockenreis, der auf dem gleichen Stück direkt nach der Maisernte im Juli eingesät wird und später im Jahr noch Bananenschößlinge und Cassavasetzlinge zwischen dem Reis. Die Bananen werden zwischen August und Oktober, die Cassavasetzlinge im Dezember gepflanzt, wenn der Reis geerntet worden ist. Geringere Mengen von Yams werden noch an die Baumstümpfe gesetzt und außerdem noch ein paar Obstpflanzen daneben. Im zweiten Jahr nehmen Cassava und Bananen das Feldstück in Anspruch, aber der Ertrag ist noch klein, da die Cassava ungefähr ein Jahr zur Reife braucht, die Banane 18 Monate. Diese zwei Gewächse geben ihren vollen Ertrag im dritten Jahr und damit endet gleichzeitig der Kultivierungszyklus auf dem Feld. Schon vor Ende des dritten Jahres hat die Sekundärvegetation wieder auf das Land übergegriffen und die breiten Blätter einer Riesenform von Aframonum greifen immer mehr um sich.

Das Dickicht wird nach Offenlassen des Feldes sehr schnell dichter. Allen voran wächst die Musanga, die in sieben Jahren schon 18 bis 20 Fuß hoch wird. Nach 15 Jahren Regeneration ist die Fruchtbarkeit des Bodens wieder bis zu ihrem ehemaligen Niveau hergestellt und der Zyklus der Kultivierung kann von neuem beginnen. Es gibt natürlich auch Stellen, wo die Regenerierung schneller geht. Aber von den Landwirtschaftsbehörden werden für den Kongo-Urwald rund 15 Jahre als Brache angesetzt.

Der generelle Landnutzungsfaktor ist für dieses System in der Regenwaldumgebung in der Größenordnung von sechs Feldeinheiten (gardenareas). Eine befindet sich drei Jahre in Kultur, und fünf andere sind in Reserve (15 Brachjahre dividiert durch drei Kulturjahre). Der Kultivationsfaktor (cultivation factor) mag ungefähr $^1/_2$ acre pro Person sein. So viel ich sehen und mit rohen Abmessungen schätzen konnte, kultivieren die Kumu ungefähr 0,6 acre pro Kopf der Bevölkerung.

Diese geringe Fläche genügt, weil zwei Getreideernten mit einem Betrag von 1 bis $1^1/_2$ t Körner pro acre im ersten Jahr von dem Hauptfeld gewonnen werden, während Cassava und Bananenernte im dritten Jahr zusammen ungefähr 3 oder 4 t Knollen und Früchte ergeben. Es gibt außerdem noch kleine Dorfgärten für Früchte und Gemüse, die mit Asche gedüngt werden. Außerdem gewähren wilde Ölpalmen und Cocoyams, die an feuchten Stellen wachsen, noch eine gewisse Zusatzversorgung.

Eine Familie von fünf Personen mag ungefähr drei acre Land auf einmal in Kultur haben. Das erfordert das Säubern von ungefähr einem acre Sekundärwald jedes Jahr, um die Ernährung zu sichern.

Es mag an die physische Leistungsgrenze des Menschen gehen, einen acre pro Jahr zu roden, und man kann annehmen, daß der äquatoriale Regenwald für Menschen mit traditioneller Ausrüstung unbewohnbar wäre, wenn sie auf einem größeren Ertrag pro Fläche bestehen würden. So wie es ist, ist der Wald überraschend dünn bevölkert im Vergleich zu seiner offensichtlichen Ertragsfähigkeit. Selbst wenn nicht mehr als ein Drittel der Landoberfläche kultivierbar wäre, müßte ein System, wie es von den Kumu gehandhabt wird, in der Lage sein, eine Bevölkerungsdichte in der Größenordnung von 50 Menschen pro Quadratmeile zu tragen ..."

ZA 8 Zusätzliche Erörterung für und wider die shifting cultivation

Wenn noch viele Entwicklungsländer in ihren jeweiligen Programmen und Plänen der industriellen Entwicklung gegenwärtig den absoluten Vorrang geben und den größten Teil der finanziellen Förderung darauf verwenden, dem industriellen Standard der Außertropenländer nachzujagen, so läßt sich doch mit einiger Sicherheit voraussehen, daß auf längere Sicht den agrarwirtschaftlichen Problemen, der Entwicklung des ländlichen Lebensraumes, die entscheidendere Bedeutung zukommt. Die zunehmende Weltbevölkerung und die sog. Ernährungsschere werden eine maximal mögliche Steigerung der Agrarproduktion erzwingen. Und die Tatsache, daß die importierten Industrien mit ihren modernen Technologien immer weniger Arbeiter beschäftigen und nur einem kleinen Teil der schnell nachwachsenden Bevölkerung einen Arbeitsplatz bieten können, wird eine Renovierung des ländlichen Lebensraumes notwendig machen mit dem Ziel, das zur Zeit noch immer ärgerlicher werdende sozial-ökonomische Gefälle zwischen Stadt und Land abzubauen und den teilweise verheerenden Konsequenzen für beide Bereiche (Abwanderung der aktiveren Bevölkerung vom Land in die Städte, unkontrolliertes Wachstum der Städte, Slums usw.) zu begegnen.

Es gibt im Zusammenhang mit der Landnutzung in den Tropen natürlich eine nahezu unüberschaubare Vielzahl von ökologischen und sozio-ökonomischen Problemen. Unter ihnen kommt aber der shifting cultivation die alles überragende Bedeutung zu, weil sie hinsichtlich der Produktion die größten Unzulänglichkeiten aufweist. HODDER (Economic Development in the Tropics, London 1973) gibt eine zusammenfassende kurze Übersicht.

Das ganze System kann nur funktionieren, wenn genügend Land zur Verfügung steht, um entsprechende Brachperioden zu erlauben. Daraus ergibt sich der geringe Prozentsatz von tatsächlich genutztem Land an der Gesamtfläche.

Die shifting cultivation wird auch für die Waldverwüstung verantwortlich gemacht. In der südlichen Elfenbeinküste sind z. B. 5000000 ha Naturwald zu Sekundärformationen oder Busch degradiert worden, in der nur eine Million Menschen eine Wirtschaftsfläche beanspruchen, die zehnmal größer ist als wenn Dauerfeldbau betrieben würde (oder betrieben werden könnte).

Aus Gründen der geringen Flächenintensität und der relativ großen Waldverwüstung ist in manchen Ländern die shifting cultivation für illegal erklärt worden, wie beispielsweise in Malaysia, oder wird einer strengen Kontrolle unterzogen, wie in Ceylon. Diese Maßnahmen setzen voraus, daß shifting cultivation tatsächlich eine überholte, verbesserungsfähige, den wirklichen Möglichkeiten nicht adäquate Nutzungsform ist.

Als Begründung dafür wird meist die kulturhistorische Tatsache angeführt, daß auch die höchstentwickelten Agrarkulturen in anderen Teilen der Erde im Zuge ihrer Entwicklung in der einen oder anderen Form jeweils eine Phase durchlaufen haben, die mit der shifting cultivation gleichzusetzen ist. Daraus wird die Folgerung gezogen, daß man auch dort, wo gegenwärtig noch in dieser Form gewirtschaftet wird, diese Phase überwinden kann, wenn man erst einmal die notwendigen Techniken zur Verfügung hat und die entsprechenden Maßnahmen zu deren Anwendung ergreift.

Diese Auffassung muß konsequenterweise die Frage aufwerfen, warum sich denn in den Tropen solch ein riesiges, in Afrika auch weitgehend geschlossenes Areal mit dieser primitiven Landnutzungsform und all ihren Konsequenzen erhalten hat, warum dort die Entwicklung auf einem Stand stehen geblieben ist, den die Agrarkulturen der Außertropen seit wenigstens tausend Jahren überwunden haben? Ist nachweisbar, daß shifting cultivation tatsächlich auch in den inneren Tropen als überwindbare Primitivphase zu werten ist, so muß man die Gründe für ihr Fortbestehen in der Unzulänglichkeit einer an sich möglichen effektiveren Entwicklung und damit in einem Versagen der Menschen und Gesellschaften suchen.

Um diese Folgerungen etwas abzumildern, werden von manchen Autoren die positiven Seiten der shifting cultivation herausgestellt, die von ihr verursachten Zerstörungen als oft übertrieben bezeichnet. Solche Argumente sind (vgl. auch die Diskussion bei HODDER, 1973, 96ff.):

1. Das Brennen des Waldes soll dem Boden eine Menge an Phosphor und Pottasche zuführen. (Die beteiligten Elemente müssen aber vorher einmal aus dem Boden entnommen worden sein.)

2. Shifting cultivation sei eine probate Methode, mit dem erdrückenden Unkrautproblem fertig zu werden. Manche Autoren sehen die schnelle Überhandnahme des Unkrautes auf allen Nutzflächen in den feuchten und wechselfeuchten Tropen überhaupt als Hauptgrund für die Beibehaltung der shifting cultivation an. Dabei wird man zugeben müssen, daß unter den gegebenen Umständen die Bauern natürlich die Überhandnahme der Unkräuter als den vordergründigen, direkten Anlaß nehmen, die Felder aufzugeben. Sie überlassen es dem nachwachsenden Wald und Busch, im Laufe der Jahre die lichtbedürftigen Unkrautpflanzen im Schatten der nachwachsenden höheren Vegetation zu unterdrük-

ken. Deren (zeitweiliges oder scheinbares) Verschwinden wird dann als Kriterium für die erneute Rodefähigkeit des Waldes bzw. des Busches angesehen.

Man wird aber, über den vordergründigen Anlaß hinausgehend, fragen müssen, warum die shifting cultivators im Laufe der Generationen nicht dahinter gekommen sein sollten, daß eine endgültige Überführung eines Landstückes in Dauernutzung auf lange Sicht die Sisyphusarbeit des Unkrautjätens, die im Arbeitskalender mit einem Drittel der Arbeitszeit zu Buche schlägt, entscheidend reduzieren würde. Diejenigen jedenfalls, die Dauerfeldbau in denselben Tropengebieten betreiben, wissen offensichtlich, daß ein einmal sauberes Feld in gerodeter Umgebung wesentlich arbeitsökonomischer sauber zu halten ist als ein kurzfristig freigebranntes Stück inmitten unkrautträchtigen Umlandes. Unter diesen Gesichtspunkten muß man auch die Ratschläge (z. B. CLARK und HASWELL: The Economics of Subsistence Agriculture, 3. Aufl. 1968), die shifting cultivators mit genügend Herbiziden zu versorgen, als ein sehr zweifelhaftes Unternehmen ablehnen. Abgesehen von den Umweltschäden gleicht ein solches Unterfangen dem berüchtigten Faß ohne Boden.

3. Ein wesentlicher Vorteil der shifting cultivation soll nach HODDER (1973) und anderen Autoren die günstige Relation von Arbeitsaufwand und Ertrag sein. Um eine bestimmte Menge an Nahrung zu erzeugen, müßte man weniger investieren als bei Dauerfeldbaumethoden. Manche Autoren (z.B. Sir A. PIM: Colonial Agricultural Production, London 1946) bestreiten das zwar mit ökonomischen Argumenten, doch wird die These immer wieder als eine Hauptstütze für das Fortbestehen der shifting cultivation vorgetragen. Nehmen wir einmal an, daß die primitiven Nutzungsformen bei einem bestimmten Mindestmaß an Arbeitsaufwand eine höhere Nahrungsmittelrendite einbringen, dann wäre es in der Tat nicht verwunderlich, daß die Menschen sie so lange beibehalten, wie es ihnen auf Grund eines noch geringen Landanspruches einer dünnen Bevölkerung überhaupt erlaubt ist, oder daß sie wieder zu ihr zurückkehren, wenn sich die Möglichkeit dazu bietet. Als Beispiel für den letztgenannten Fall wird häufig angeführt (HODDER, 1973), daß die Cabrais aus Nordtogo nach ihrem Einzug in den bevölkerungsleeren Middlebelt dort relativ rasch die shifting cultivation angenommen haben, anstatt die ausgeklügelten Methoden beizubehalten, die sie in ihrer übervölkerten Heimat seit Generationen schon angewandt hatten. Nun, beweiskräftig für die These der günstigeren Relation von Ertrag und Arbeit ist das Beispiel natürlich nicht. Unter ökologischem Gesichtspunkt liegt es nahe, eher an einen Zwang zu denken, wenn man die im Zusammenhang mit der zonalen Abfolge der Böden in Westafrika zu besprechenden Regeln der unterschiedlichen Produktionspotentiale in der Trockensavanne des nördlichen Sudan bzw. der Feuchtsavanne des Middlebelt berücksichtigt [s. ZA 9]. Der oft angeführten These, daß shifting cultivation wegen arbeitsökonomischer Vorteile so lange betrieben werde, wie die Bevölkerungsdichte noch genügend klein sei, muß man auch die Frage gegenüberstellen, warum einerseits in weiten Teilen der Tropen die Bevölkerung so gering geblieben ist, während gleichzeitig in kleinen Bereichen viel höhere Bevölkerungsdichten auftreten. Die shifting cultivators des Middlebelt z. B. wären dann wohl – wenn die These von der Arbeitsökonomie stimmt – als die „Vivos" anzusehen, welche die Tatsache geringen Bevölkerungsdruckes ausnutzen, um mit möglichst wenig Arbeit auskömmliche Erträge zu erzielen. Der Northbelt hingegen, wo viele Menschen die Nutzfläche teilen und zudem noch sehr ungünstige klimatische Bedingungen auf sich nehmen müssen [vgl. M 25], wiese eine Konzentration von Dummen auf, die viel zu viel arbeiten müssen, um sich durchzubringen. So geht es wohl auch nicht.

In dieser Klemme muß ein anderer einleuchtender Grund für die geringe Bevölkerungsdichte in der Feuchtsavanne und im Regenwald gefunden werden, auf Grund der sich die Bevölkerung die shifting cultivation gewissermaßen noch leisten kann. Bezüglich der Sudanländer werden dafür in vielen Geographiebüchern die Sklavenjagden und ihre Folgen verantwortlich gemacht. Das kann jedoch nicht überzeugen. Waren nämlich die von Norden kommenden Mohammedaner die Sklavenjäger, so ist nicht einzusehen, warum sie ausgerechnet den dichter bevölkerten Northbelt verschonten und ihre Jagden auf den entfernteren Middlebelt konzentrierten. Waren es die Europäer, so gilt dasselbe im Vergleich von Küstenregion und Middlebelt. Außerdem beweisen viele Erfahrungen aus der europäischen Geschichte, daß erheblicher Verlust der Bevölkerungssubstanz durch Epidemien oder lang anhaltende Kriege binnen einiger Generationen wieder ausgeglichen wurde. Der Sklavenhandel in Afrika ist wohl lange genug vorüber, daß sich die Bevölkerung davon erholt haben dürfte.

ZA 9 Charakteristika der wichtigsten Bodentypen der Tropen

Es ist für Nichtpedologen nicht einfach, einen klaren vergleichenden Einblick in die verschiedenen zur Zeit konkurrierenden Systematiken und Nomenklaturen von Bodenklassifikationen der Tropen zu bekommen. Man muß sich an eine für den in Frage stehenden Raum entwickelte und möglichst einprägsame Systematik halten. Das ist m.E. die von französischen Bodenkundlern der ORSTOM vorgeschlagene und am Beispiel Afrikas erprobte Einteilung, die in die einprägsamen und klaren deutschen Darstellungen von SCHMIDT-LORENZ (1971) bzw. GANSSEN und Mitarbeitern eingegangen ist. Auch BUNTING (1969) hat sie im wesentlichen übernommen. Im Buch von MOHR, VAN BAREN und SCHUYLENBORGH (1972) wird zwar eine andere Systematik gewählt, doch ist das Werk wegen der vielen Tabellen über quantifizierte Bodenanalysen unentbehrlich. Einer ungewohnten und etwas schwierigen Nomenklatur und Systematik bedient sich das Werk von FITZPATRICK. Der große Vorteil des Buches besteht in den zahlreichen Abbildungen sowie den quantifizierten Schemata für die verschiedenen Bodentypen.

Literatur:

AUBERT, G.: Classification des sols. Tableaux des classes, sous classes, groupes et sous groupes de sols utilisés par la Section de Pédologie de l'ORSTOM. – Cah. ORSTOM Ser. Pédologie 3 (1965) 269–288

GANSSEN, R. und HÄDRICH, F.: Atlas zur Bodenkunde. B.I-Hochschulatlanten 301a–301e. Mannheim 1965

GANSSEN, R.: Bodengeographie mit besonderer Berücksichtigung der Böden Mitteleuropas. Stuttgart 1972

GANSSEN, R. und BLUM, W. E.: Bodenbildende Prozesse der Erde, ihre Erscheinungsformen und diagnostischen Merkmale in tabellarischer Darstellung. Die Erde, Berlin 1972. 7–20

SCHMIDT-LORENZ, R.: Böden der Tropen und Subtropen. In: Handbuch der Landwirtschaft und Ernährung in den Entwicklungsländern. Bd. 2. Stuttgart 1971

BUNTING, B. T.: The Geography of Soil. London 1969

MOHR, E. C. J., VAN BAREN, F. A., SCHUYLENBORGH, J. VAN: Tropical Soils. 3. ed. The Hague 1972

FITZPATRICK, E. A.: Pedology. Edinburgh 1971

Die im Zusammenhang mit den klimatischen Vegetationszonen unter M2 dargestellte Übersicht über die zonalen Bodentypen Westafrikas ist eine vereinfachte Wiedergabe des entsprechenden Ausschnittes aus der Karte der Böden Afrikas (1:25 Mill.) von GANSSEN und HÄDRICH (1965). Diese wiederum basiert auf der Soil Map of Africa 1:5 Mill. von D'HOORE, herausgegeben von der Com. de Coopération technique en Afrique au Sud du Sahara. Lagos 1964. Eine instruktive Zusammenfassung sowohl der großräumigen Verteilung der klimatischen Bodentypen als auch der Zusammenhänge zwischen regionalen Bodengruppen und geologischem Untergrund findet man bei R. A. PULLAN: The soil resources of West-Africa, in: THOMAS und WHITTINGTON (eds.): Environment and Land Use in Africa. Methuen-London 1969, 147–191.

Bei den folgenden Ausführungen kommt es darauf an, die in Karte und Text angeführten Bodentypen nach ökologisch wichtigen Gesichtspunkten noch etwas ausführlicher zu charakterisieren, ihre Unterschiede und ihre klimazonale Einordnung darzustellen (sehr zu empfehlen ist in dieser Hinsicht die voraus zitierte Arbeit von SCHMIDT-LORENZ).

1. Ferrallitische Böden

Sehr tiefes und nur schwach differenziertes Bodenprofil. Feinkörniges Material, entweder unterschiedlich sandhaltige Tone oder tonige Sande, allenfalls mit sekundär ausgeschiedenen, größeren Quarzstücken durchsetzt.

Das Material besteht fast ausschließlich aus Verwitterungsprodukten, die einen stabilen oder metastabilen Zustand gegen weitere chemische Aufbereitung erreicht haben. In der Tonfraktion ($< 2\ \mu$) gibt es fast nur die sorptionsschwachen Kaolinite und Gibbsit sowie Eisenoxyde. Der Schluff (2–20 μ) besteht vorwiegend aus feinstem Quarz, Kaolinit und verwitterungsresistenten Schwermineralen. In den größeren Fraktionen, vor allem Feinsand und wenig Grobsand bis 2 mm, kommt praktisch nur reiner Quarz vor. Restmineralgehalt und Austauschkapazität sind extrem niedrig.

Der pH-Wert beträgt meist unter 6, häufig sogar unter 4; d.h. die Böden sind schwach bis extrem sauer.

Auch unter natürlichem Wald sind die Humushorizonte maximal nur 25 bis 30 cm, und die Gehalte an organischer Substanz betragen meist nur zwischen 1 und 2 % der Bodenmasse. An diese organische Substanz ist ein großer Teil der Austauschkapazität und des Nährstoffgehaltes gebunden.

Ferrallitische Böden kommen in besonders typischer Form über siliziumreichen Gesteinen (Gneis, Granit, Sandstein, alte Schiefer und Tertiärsedimente z.B.) vor, entwickeln sich aber auch über anderen Gesteinen, ausgenommen Vulkanite und Tiefengesteine mit stark basischem Charakter.

Verbreitung: Warm-feuchte innere Tropen unterhalb 1000 bis 1300 m NN. Mindestens 1200 mm Jahresniederschlag, höchstens fünf Monate Trockenzeit.

Unterteilung:

a) Stark ferrallitische Böden (syn. = forest oxisols).

Im Bereich des immergrünen tropischen Tieflandsregenwaldes mit Niederschlägen über 1500 mm im Jahr, nur ein bis zwei Monaten Trockenzeit, entsprechend starker Auswaschung. Die Farbe ist gelb-braun oder orange-braun, der pH-Wert 4–5.

Bei extremer Auswaschung, wenn der Oberboden auch noch die Eisen- und einen erheblichen Teil der Aluminiumoxide verloren hat und Quarzsande als Hauptbestandteil übrig geblieben sind, werden diese extrem armen Böden gelegentlich als „Tropische

Podsole" bezeichnet (KLINGE, H.: Verbreitung tropischer Tieflandspodsole. Naturwiss. 53, 1966, S. 442–443). FITZPATRICK (a.a.O.) nennt die stark ferrallitischen Böden „krasnozems".

b) Schwach ferrallitische Böden (syn. = forest ochrosols, savanna ochrosols).

Vorkommen im Verbreitungsgebiet des halblaubwerfenden tropischen Feuchtwaldes bei 1500 bis 1200 mm Jahresniederschlag und drei- bis fünfmonatiger Trockenzeit. Von roter oder rötlich-brauner Farbe mit pH-Werten von 6 bis 7 in den oberen bzw. 4.5 bis 6.5 in den unteren Bodenhorizonten. Etwas höhere Humusgehalte und Austauschkapazitäten im Bereich der Waldgebiete. In den Feuchtsavannen sinken beide Eigenschaften wieder ab. Geringere Verwitterungstiefe als die stark ferrallitischen Böden, immer aber noch mehrere Meter.
Die Nutzungsfähigkeit der ferrallitischen Böden beurteilt R. A. PULLAN (a.a.O. S. 532) folgendermaßen (in Übersetzung): „An gut drainierten Standorten sind sie ein hervorragendes Wuchsmedium mit viel Bodenfeuchte und Raum für Wurzelentfaltung; nur sind sie arm an Nährstoffen. Die Anwendung chemischer Dünger bei annuellen Kulturpflanzen wird wohl unökonomisch sein, da solche Pflanzen Flachwurzler sind und die Auswaschungsrate hoch ist. Die Kationen werden im Ton-Humus-Komplex nicht gehalten, weil es an Humus mangelt und der kaolinitische Ton eine niedrige Austauschkapazität hat. Jedoch größere Effizienz von zugeführten Nährstoffen ist verbürgt für tiefer wurzelnde Baumkulturen."

2. Ferrisole

Wenngleich sie mit den stark ferrallitischen Böden in derselben Klimazone der inneren feuchten Tropen vorkommen, so nehmen sie doch eine Zwischenstellung zwischen den ferrallitischen und fersiallitischen Böden ein. Dazu kommt es wegen der Superposition von zwei relativen Gunstfaktoren: Dem Vorhandensein eines Ausgangsgesteins mit hohem Gehalt an nährstoffreichen basischen Mineralen und der Ausprägung eines relativ niederschlagsarmen Gebietes im Bereich der äquatornahen Tropen.

Die Ferrisole unterscheiden sich von den ferrallitics außer durch eine kräftigere Rotfärbung vor allem dadurch, daß sie einen etwas höheren, aber immer noch sehr bescheidenen Anteil an verwitterbaren Restmineralen und neben Kaolinit auch einen geringen Bestand an Dreischichtentonmineralen enthalten.

Es gibt zwar „keinen beträchtlichen Unterschied zwischen ferrallitischen Böden und Ferrisolen in bezug auf Nährstoffversorgung, nur existiert eine Tendenz zu leicht höheren Reserven" (R. A. PULLAN a.a.O.).

3. Fersiallitische Böden (syn. = ferruginous tropical soils).

Normalerweise sind die Bodenprofile nur 2 bis 3 m tief. Sie haben noch eine gewisse Reserve an verwitterbaren Restmineralen, da die chemische Verwitterung weniger intensiv, die Kieselsäureauswaschung gering ist. Kaolinit überwiegt zwar in der Tonfraktion noch absolut, doch treten auch schon Dreischichtentonminerale in merkbaren Anteilen auf. Die Austauschkapazität ist deshalb bei gleichem Tongehalt etwas höher als bei Ferrisolen.

Ausgezeichnet sind die Böden durch hohen Gehalt an freien Eisenoxyden in Form von Knötchen und Konkretionen. Unter bestimmten Bedingungen tritt aber auch eine starke Eisenauswaschung auf. Sie sind weniger kräftig gefärbt als die ferrallitischen Böden, meist gelblich-braun bis rötlich-gelb. (Treten sehr stark rote Böden im Bereich der fersiallitics auf, so sind es vermutlich fossile ferrallitische Böden.)

Der Humusgehalt ist noch relativ gering (1 bis 2,5 %).

„Tonreichere Oberböden neigen in der Trockenzeit zur Bildung von harten Bodenaggregaten“ ... „Typisch ist die Tendenz zum Feinkornverlust durch Flächenspülung“ (SCHMIDT-LORENZ a.a.O. S. 57).

„Der höhere Nährstoff-Status ist nicht überall auffällig, aber die Freigabe von Nährelementen aus verwitterndem Gestein erlaubt, daß Buschbrache ihn schnell bis zur Oberfläche wieder herstellen kann. Jedoch werden diese Böden jedes Jahr vom Feuer in Mitleidenschaft gezogen, das die biologische Aktivität reduziert und die Stickstoffreserven zerstört, so daß das Brachliegenlassen keinen längeren Effekt hat ... Die Anwendung spezifischer chemischer Dünger hat sich für verschiedene Pflanzen als ökonomisch erwiesen“ (R. A. PULLAN, a.a.O. S. 533).

4. Eutrophe braune Tropenböden (soils bruns eutrophes tropicaux).

Im klimatischen Verbreitungsgebiet der schwach ferrallitischen und fersiallitischen Böden entwickeln sich über Basalt oder anderem basenreichen Gestein sehr günstige Ausnahmeböden. Das Profil ist meist relativ flach (1–2 m) und steinreich. Im Feinmaterial ist ein hoher Schluffgehalt charakteristisch. Aus der Verwitterung resultieren vor allem Dreischichtentonminerale. Die Humusgehalte erreichen 4–7 %, die Bodenreaktion ist neutral bis allenfalls schwachsauer.

Die Böden zeichnen sich also durch einen nährstoffreichen Restmineralgehalt und durch hohe Austauschkapazitäten aus.

„In Afrika nehmen die eutrophic brown soils of tropical regions nur 0,5 % der Fläche ein. In den anderen Kontinenten entsprechen ihnen großenteils Böden, die vor allem in tektonisch und vulkanogen verjüngten Regionen beschrieben wurden“ (SCHMIDT-LORENZ, a.a.O. S. 65).

5. Rotbraune und braune Böden

Sie kommen vor allem in den niederschlagsarmen äußeren Tropen mit Trockenzeiten von mehr als sechs Monaten vor. Die Verwitterung ist entsprechend weniger intensiv. Die Bodenprofile sind wenig tiefgründig und besitzen in der Regel eine große Reserve an verwitterbaren Mineralen. Welche es sind, hängt im einzelnen stark vom Muttergestein ab.

Die Basenauswaschung ist gering, die Tonmineralausstattung enthält 3-Schichten-Tonminerale wie Montmorillonit in bemerkenswerter Menge.

Die organische Substanz ist im Boden durch das starke Wurzelwerk von Kräutern, Gräsern und Sträuchern gut verteilt, die Mineralisationsraten sind allerdings relativ hoch.

Die Böden haben eine neutrale oder schwach alkalische Reaktion, häufig weisen sie eine Akkumulation von freiem Calcium in der Tiefe auf.

Wegen der schwächeren chemischen Verwitterung ist die Abhängigkeit vom Ausgangsgestein wesentlich größer als bei den Böden der feuchteren Tropen. Entsprechend stark sind die Bodenvarietäten, die unter dem Oberbegriff zusammengefaßt sind.

Die rotbraunen Böden sind im Normalfall tiefgründiger, haben geringeren Gehalt an organischer Materie und leiden unter stärkerer Basenauswaschung.

„In Kultur genommen verlieren diese Böden ihre Struktur, und Erosionsschäden durch Wind oder Wasser werden schwerwiegend. Sandige Varietäten sind häufig exzessiv stark drainiert und deshalb feuchtigkeitsarm. Die Möglichkeit der künstlichen Bewässerung für Böden dieses Typs muß nicht ausgeschlossen werden; wo das nicht der Fall ist, ist der

Anbau von Nährpflanzen unsicher und die Beweidung den Umständen besser angemessen" (R. A. PULLAN, S. 534).

6. Vertisole

Vertisole sind junge Böden, die über kalkreichen Ausgangsgesteinen (lithomorphe V.) oder in topographischen Senken mit Zufluß basenreichen Wassers (topomorphe V.) bei schlechter Bodendrainage im Wechsel von Wasserstau und starker Austrocknung entstehen.

Es sind steinlose, feinkörnige Böden, stark tonhaltige Lehme oder feinsandige Tone (Tongehalte von 30 bis 80 %). In der Tonsubstanz dominieren die stark quellfähigen Montmorillonite. Während der feuchten Jahreszeit bilden Vertisole eine zähe, poren- und luftarme Bodenmasse, in der Trockenzeit weisen sie tiefe Schrumpfrisse und -polygone auf. Abbauprodukte der Kräuter und Gräser fallen in diese Risse und werden in der nächsten Feuchtphase in den Boden eingearbeitet, so daß A-Horizonte von 1 m und mehr resultieren (self-mulching-Effekt). Der Humusgehalt ist relativ hoch. Er schwankt zwischen 0,5 und 4 % und verleiht dem Boden eine dunkelgraue Farbe.

Hoher Montmorillonit- und Humusgehalt bedingen die sehr große Austauschkapazität der Vertisole.

Im Sudan sind sie als Bardobe oder Terres Noires über basischen Gneisen in der Accra-Ebene und über Seebeckentone im Tschad ausgebildet. Ihre größte Verbreitung haben sie in Australien (Black Earths), auf dem Dekkan-Plateau Indiens (Regur, Black Cotton Soils) und im insularen SE-Asien.

„Große Schwierigkeiten haben sich bei der Nutzung dieser Böden wegen ihrer Zähigkeit im feuchten – und Härte im trockenen Zustand ergeben. Sie werden häufig von shifting-agriculturalists ignoriert; aber mechanische Bearbeitung scheint große Möglichkeiten zu eröffnen" (R. A. PULLAN, a. a. O.).

7. Andosole (syn.: Black Volcanic Soils, Humic Allophane Soils, Black Andean Soils).

Die Andosole seien hinzugefügt, weil sie lokal in eng begrenzten Bereichen Ostafrikas, vor allem aber in den von jungem Vulkanismus stark beeinflußten tropischen Bergländern Südost-Asiens und des pazifischen Raumes bei größerer Verbreitung eine wichtige Rolle als günstiges Bodensubstrat spielen.

Sie sind gebunden an feinkörnige Aschen mit hohem basischen Mineralbestand des subrezenten und rezenten Vulkanismus in humiden bis subhumiden tropischen Bergländern (obere tierra caliente bis zur tierra templada). Es sind sehr junge Böden im Einflußbereich vulkanischer Aschenregen.

Sie zeichnen sich einerseits durch den hohen Gehalt an Allophan aus, einem anorganischen Kolloid großer Austauschkapazität, das aus den Bausteinen der Tonminerale besteht, aber keine Kristallstruktur besitzt, und andererseits durch einen extrem großen Humusgehalt (10–25 %). Von der basischen Asche und vom hohen Humusgehalt resultiert die dunkelgraue bis schwarze Farbe des Oberbodens (daher der Name vom Japanischen an do = dunkler Boden). Restmineralgehalt und Austauschkapazität sind wie die Wasserspeicherfähigkeit sehr groß.

Beim Alterungsprozeß gehen die Allophane meist in Kaolinit oder Halloysit über. Die dabei entstehenden Andosol-Abkömmlinge zeichnen sich durch einen relativ hohen Restmineralgehalt gegenüber normalen ferrallitischen Böden aus.

ZA 10 Die ökologisch wichtigen Eigenschaften der Humusstoffe

Humus kann man – im ökologischen Zusammenhang – am besten in Anlehnung an Kubiëna als die Menge der organischen Stoffe definieren, die sich unter den jeweils herrschenden Bedingungen der Bodenbildung als schwer zersetzbar erwiesen haben und die daher in einer für die gegebenen Bedingungen charakteristischen Weise zum Bestandteil im dynamischen Gleichgewichtszustand der verschiedenen Bodentypen geworden sind.

Ausgangsmaterial ist die abgestorbene pflanzliche und tierische Substanz auf und im Boden. Sie wird mechanisch und chemisch ab- und umgebaut. Dabei ist prinzipiell zu unterscheiden zwischen Mineralisierung und Humifizierung. An beiden Prozessen sind die Stoffwechselvorgänge der Bodenlebewelt, vor allem die besonders schnell ablaufenden anaeroben der Bodenbakterien maßgeblich beteiligt.

Bei der *Mineralisierung* entstehen anorganische chemische Verbindungen wie Kohlendioxyd, Nitrate und Phosphate sowie die Kationen K, Na, Ca, Mg u.v.a. Sie werden in die Bodenlösung freigesetzt.

Die *Humifizierung* liefert organische Verbindungen, und zwar einerseits niedermolekulare organische Säuren (Ameisen-, Essig- und Oxalsäure z.B.) und andererseits hochmolekulare Huminstoffe in Form verschiedener Fulvo- und Huminsäuren.

Die Huminstoffe besitzen eine relativ große Resistenz gegen weiteren mikrobiellen Abbau und werden nur noch langsam mineralisiert. Deshalb und weil sie als Riesen-Molekülkomplexe zum Teil an reaktionsfähige anorganische Bodenbestandteile chemisch gekoppelt sind und damit nur schwer im Bodenprofil verlagert werden, können sie sich in den oberen Bodenhorizonten bis zu einem gewissen level (Humusgehalt) anreichern. (Auf Grund ihrer dunklen Farbe verleihen sie den A-Horizonten die charakteristische „Schwarzfärbung".) Bestimmt wird der Humusgehalt des Bodens über die Analyse seines Kohlenstoffgehaltes.

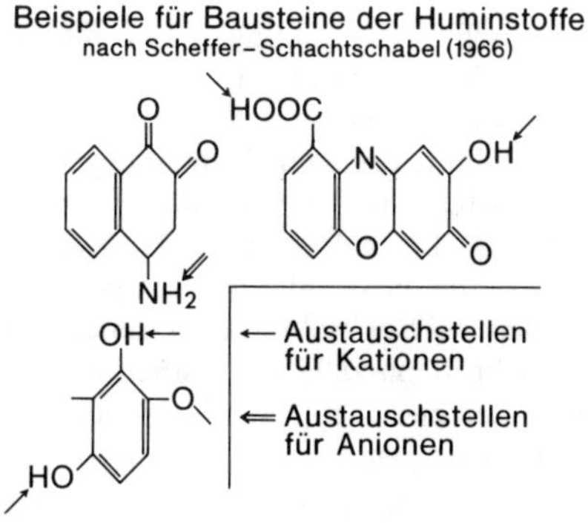

Beispiele für Bausteine der Huminstoffe
nach Scheffer-Schachtschabel (1966)

← Austauschstellen für Kationen
⇐ Austauschstellen für Anionen

Fig. 31

Die Huminstoffe bestehen aus einem hochpolymeren Gerüst aus Kohlenstoff-Sechseckringen (auch wenige Fünfeckringe), in das in vielfältiger Form Stickstoff, Phosphor und Schwefel als Nitrate, Phosphate und Sulfate eingebaut sind, und das eine wechselnd große Zahl von COOH- oder OH-Nebengruppen aufweist. An letzteren kann ein Kationenaustausch vorgenommen werden, indem das H^+-Ion durch ein anderes Kation ersetzt wird.

Da bei dem hochmolekularen Komplex der Huminstoffe die Stellen mit COOH- oder OH-Gruppen räumlich dicht nebeneinander zu liegen kommen, wird auch der Eintausch mehrwertiger Kationen möglich. Durch Reaktion mit der Carboxyl- (COOH) oder Hydroxyl- (OH)-Gruppe kann auch die Bindung an anorganische Bodenbestandteile erfolgen.

Die Austauschkapazität der Huminstoffe ist mit 100 bis 150 mval/100 g besonders groß, wobei die Fulvosäuren die geringen, die Huminsäuren die größeren Kapazitäten aufweisen.

Für den ökologisch höchst wichtigen Humusgehalt (Anreicherungslevel) eines Bodens sind zwei Größen wichtig: der Auftrag an organischem Material pro Zeiteinheit (input) sowie die Zersetzungsrate in der gleichen Zeit. (Letztere bestimmt die Verweildauer der Huminstoffe im Boden und den damit verbundenen Katalog an chemischen und physikalischen Eigenschaften.) Nimmt man zunächst in einem vorgegebenen Boden den input als konstant an, dann muß mit der Erhöhung der Zersetzungsrate der Humusgehalt ab-, mit der Verringerung der Zersetzung zunehmen.

Die Zersetzungsrate der organischen Substanz zeigt neben anderen Abhängigkeiten (u. a. pH-Wert, chemische Zusammensetzung der organischen Materie, Bodendurchlüftung) vor allem eine solche vom Klima in der Weise, daß bei normaler Durchfeuchtung die mikrobielle Zersetzung zwischen 10 und 20° C noch relativ langsam zunimmt, zwischen 20 und 30° aber exponentiell auf ungefähr das Vierfache des Wertes bei 20° ansteigt. Daran läßt sich die einfache Überlegung knüpfen, daß die Verweildauer der Abbauprodukte der organischen Substanz bis zu ihrer definitiven Mineralisierung in Böden der dauernd feuchten Tropen bei Temperaturen von 25 bis 30° das ganze Jahr über mindestens um den Faktor 10 kleiner ist als in den gemäßigten Breiten, wo allenfalls ein oder zwei Monate lang Temperaturen von 20° überschritten werden. Auf einem frisch gerodeten Feldstück muß dementsprechend der anfangs vorhandene Gehalt an Humusstoffen oder Düngergaben auch zehnmal schneller abnehmen als in den Außertropen. Will man den Anfangslevel dagegen erhalten, muß man wenigstens zehnmal mehr an organischem Dünger einbringen als in mitteleuropäischen Böden.

Praktische Bestimmungen der mittleren Zersetzungsrate der Streu im afrikanischen Tieflands-Regenwald in Kade durch Nye und Greenland (The soil under shifting cultivation. London 1960) haben Zersetzungsraten von 3,25 % pro Woche, 170 % in einem Jahr, ergeben. Demzufolge ist frisch fallende organische Substanz binnen eines dreiviertel Jahres bereits vollständig mineralisiert. In der Anfangsphase ist die Abbaurate natürlich besonders stark. H. Klinge (Biomasa y matéria orgánica del suelo en el ecosistema de la pluviselva Centro-Amazónica, IV. Congr. Latino-Americano de la Ciencia del Suelo. Maracay, Venezuela, 1972, Tab. 6) gibt auf Grund von Aufnahmen in einer Probeparzelle nordöstlich Manaos für 145 Tage in der außergewöhnlich regenreichen Zeit zwischen Juni und November 1970 folgende Mengen und Zersetzungsraten von Feindetritus an:

	Blätter	Holz	Früchte	Gesamt
Detritus am Boden am 17.6.1970	280	351	35	666 g/m^2
Produktion von Detritus in 145 Tagen	421	122	9	552 g/m^2
Detritus am Boden am 9.11.1970	359	202	14	575 g/m^2
Zersetzung in 145 Tagen	342	271	30	643 g/m^2
Zersetzung in % der Produktion von 145 Tagen	81	222	333	117 %

Bei diesen Werten ist zu beachten, daß sie sich auf Feindetritus beziehen und in einer ungewöhnlich feuchten Witterungsperiode gewonnen wurden. Sie belegen aber trotzdem in ihrer Größenordnung, daß für die Mineralisierung der Streu im tropischen Regenwald weniger als ein Jahr notwendig ist. Man muß in diesem Zusammenhang möglicherweise die Tätigkeit der Mycorrhiza berücksichtigen, welche nach den Beobachtungen von STARK und WENT das Lignin der Samenschalen und Äste verdaut und die Mineralstoffe direkt den Nährwurzeln ihrer Mutualismuspartner zukommen läßt [s. ZA 15].

MOHR, VAN BAAREN und SCHUYLENBORGH (Tropical soils. The Hague, 1972) fassen die Überlegungen zur Mineralisierung und Humifizierung organischer Substanz unter feucht-tropischen Bedingungen dahin zusammen, daß „erwartet werden kann, daß die Zersetzungsrate organischer Stoffe in den Tropen so ist, daß nur ein sehr niedriger Humusgehalt resultieren kann, selbst unter Primärwald“ (S. 174).

Für Höhenwälder führen dieselben Autoren vergleichende Untersuchungen von JENNY (1950) und LAUDELOUT (1960) in Höhenwäldern der Tropen Costa Ricas und Columbiens bzw. der Subtropen Kaliforniens an, wonach in den Bergwäldern der Tropen in der obersten Zone der Streu zwar noch eine Zersetzungsrate von 40 bis 65 % gegenüber 1 bis 12 % in Kalifornien zu beobachten ist, unter Berücksichtigung auch der tieferen Zonen des ganzen Bodenprofils der Unterschied aber nur 2,2 % gegenüber 1,3–1,9 % in Kalifornien beträgt. (Leider steht die Zeitangabe nicht dabei. Aber es kommt ja nur auf die Relationen an.) Unter tropischen Höhenwäldern ist ein entsprechend höherer Bodenhumusgehalt als in den Tiefländern charakteristisch.

Für Mitteleuropa geben SCHEFFER-SCHACHTSCHABEL (Lehrbuch der Bodenkunde. Stuttgart 1966, Tab. 19) für verschiedene Bodenarten Zersetzungsraten in der Größe zwischen 2 und 5 % für die ersten drei und weitere 2–4 % für die folgenden sechs Monate, zusammen also im Dreivierteljahr um 4 bis 10 % an.

Nun ist der Auftrag (input) an organischer Substanz in tropischen Feuchtwäldern wegen der großen Biomassenproduktion größer als in außertropischen. Jedoch steigt die Akkumulationsrate bei den gegebenen Temperaturen zwischen 20 und 30° wesentlich weniger stark an als die Zersetzungsrate, so daß schon unter der Primärvegetation der Humusgehalt in tropischen Böden normalerweise um den Faktor 2 geringer ist als in den Mittelbreiten. Für Fragen der agrarwirtschaftlichen Tragfähigkeit ist das zwar auch von Bedeutung, doch ist die hohe Zersetzungsrate viel folgenschwerer. Mit ihr geht nämlich die Mitgift an Humus, die der Boden bei der Rodung erhält, entscheidend viel schneller verloren.

Wie ungünstig das Verfahren des Schlagens und Brennens bei der Vorbereitung der Feldstücke im Zuge der Wald-Feld-Wechselwirtschaft ist, geht auch aus den geschilderten Bildungsbedingungen und Eigenschaften der Humusstoffe hervor.

ZA 11 Schematisches Modell des Kationenaustausches. Austauschkapazitäten verschiedener Stoffe. pH-Wert

I. Schematisches Modell zur Veranschaulichung der Austauschvorgänge im Boden (unter Verwendung von Fig. 24 in W. LAATSCH, 1957)

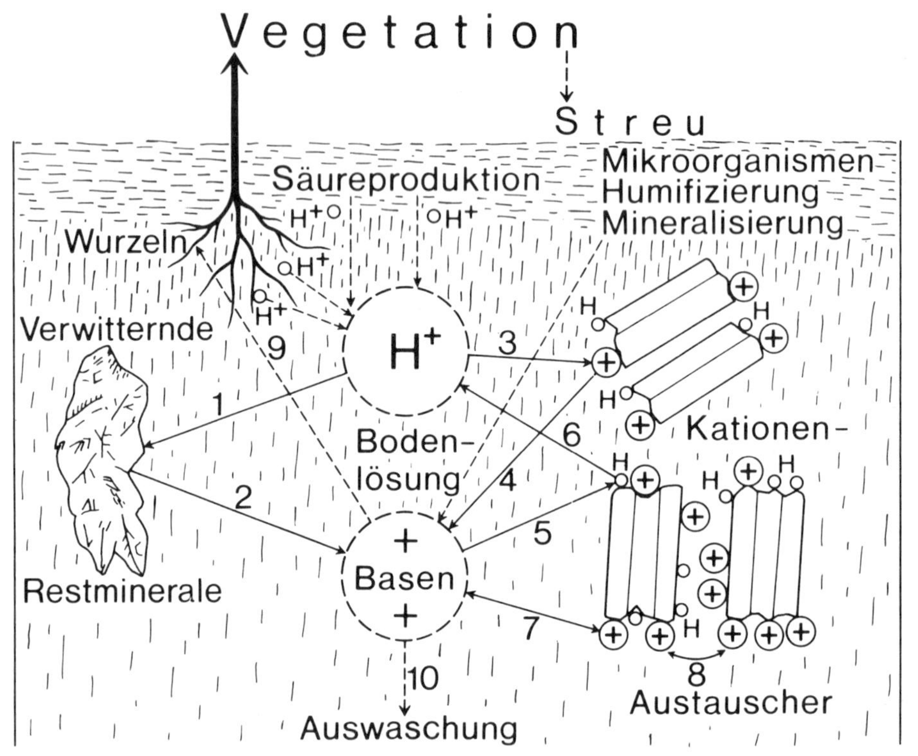

Fig. 32

Die aus der Zufuhr von außen (evtl. über Regenwasser) sowie aus den physiologischen Vorgängen bei Mikroorganismen und an den Pflanzenwurzeln resultierenden Säuren geben der Bodenlösung eine bestimmte Konzentration der hochmobilen und chemisch aktiven, elektrisch positiv geladenen Wasserstoffionen (H^+). (Siehe dazu den angeschlossenen Zusatz über den pH-Wert.) Diese schlagen basisch wirkende Kationen (z. B. Ca, K, Na) aus den im Boden enthaltenen restlichen Gesteinsmineralen heraus, die dann zusammen mit den bei der Mineralisation der organischen Substanz frei werdenden (Ca-, K-, P-, N-Verbindungen) in den „Basenpool" der Bodenlösung gehen. (Das ist ein Teil der chemischen Verwitterung.) (Pfeile 1 und 2.) Andere H^+-Ionen verdrängen Kationen, die an der aktiven Oberfläche der Tonminerale adsorbiert sind (Pfeile 3 und 4; s. dazu ZA 12 über die Eigenschaften der Tonminerale). Das verdrängende H^+-Ion bleibt aber nicht definitiv an der letztgenannten Stelle; es kann wieder durch ein Kation aus dem Basenpool ersetzt werden (Pfeile 5 und 6). Hinzu kommt noch der Platzwechsel zwischen den basischen Kationen aus der Bodenlösung mit denjenigen auf den Austauschern (Pfeil 7) sowie zwischen den letzteren untereinander (Pfeil 8).

Man muß sich die Vorgänge als ein permanentes Wechselspiel vorstellen, bei dem es hinsichtlich des mittleren Zustandes des Besatzes *vorgegebener* Austauscher mit H^+-Ionen einerseits und Basen-Ionen andererseits (Basensättigungs*verhältnis*) entscheidend auf das Kräfteverhältnis der beiden konkurrierenden Pools in der Bodenlösung ankommt. Überwiegen die H^+-Ionen, ist die Lösung sauer, sitzt immer eine größere Zahl von ihnen an den Austauschern. Umgekehrt ist es bei Überwiegen der basischen Kationen. Welche *absolute Menge* an Kationen im Gesamtsystem der Austauscher adsorbtiv gehalten werden kann, hängt von deren Austauschkapazität ab. (Im Schema sind kapazitätsschwache 2-Schichten-Tonminerale und kapazitätsstarke 3-Schichten-Tonminerale angedeutet; vgl. ZA 12.)

In humiden Klimaten ist dem ganzen Wechselspiel eine andauernde, abwärts gerichtete Bewegung (Sickerung) des liquiden Teiles der Bodenlösung überlagert. Mit ihr werden die Kationen ausgewaschen (Pfeil 10). Ist die Kapazität der Austauscher klein und die Zahl der H^+-Ionen groß, so befindet sich von der im ganzen Boden vorhandenen Gesamtmenge an basischen Kationen der relativ größere Teil in Lösung, ihr Verlust durch Auswaschung ist dann besonders groß. Das System verarmt somit an Basen.

Die Basenverarmung hat Rückwirkungen auf die Pflanzen, die aus dem Basenpool ihren Bedarf an Nährelementen für den Aufbau der Biomasse decken (Pfeil 9). Aus dieser kehrt die Streu zum Boden zurück, ihr Gehalt an Nährstoffen wird beim Zersatz durch Mikroorganismen und bei der anschließenden Mineralisierung der organischen Substanz wieder in das vorauf umrissene dynamische System eingefüttert.

Man kann mit dem Modell den Ablauf für verschiedene, natürlich vorgegebene Bedingungen simulieren.

1. Bedingung: Der Restmineralgehalt soll verschwinden.
2. Bedingung: Die Säureproduktion durch Mikroorganismen steigt (bei gleichmäßig hoher Wärme und genügender Durchfeuchtung) stark an.
3. Bedingung: Es werden nur Tonminerale geringer Austauschkapazität zugelassen.
4. Bedingung: Die Sickerwasserrate wird durch relativ starke, andauernde Niederschläge heraufgesetzt.

Diese Bedingungen 1–4 sind in ihrer Kombination ungefähr diejenigen des immerfeuchten tropischen Regenwaldes.

Und nun soll als 5. Bedingung künstlich gedüngt, also eine gewisse Menge wasserlöslicher Salze mit basischen Kationen auf den Boden gebracht werden. Beim Durchüberlegen des Ablaufes folgt, daß die Auswaschung besonders groß sein muß und daß der im Boden gehaltene Teil der Kationen relativ gering ist. Eine umgekehrte Kombination der Bedingungen ist: hoher Restmineralgehalt, Tonminerale mit hoher Austauschkapazität, mäßige Leistung der Mikroorganismen (in relativ kühlem Klima), schwächere Niederschläge.

II. Repräsentative Kationen-Austauschkapazitäten für verschiedene Bodenmaterialien (aus: BIRKELAND, P. W.: Pedology, Weathering and Geomorphological Research. London 1974).

Material		Angenäherte Austauschwerte mval/100 g Trockengewicht*
organisches Bodenmaterial		150–500
Kaolinite	Tonmineral-gruppen	3–15
Halloysite		5–10
Chlorite		10–40
Illite		10–40
Montmorillonite		80–150
Vermiculite		100–150
Allophane		25–100
Aluminium- und Eisenhydroxyde		4
Feldspäte	Minerale	1–2
Quarz		1–2
Basalt	Gestein	1–3
Zeolite		230–260

* 1 Milliäquivalent (mval) ist definiert als 1 Milligramm (mg) H^+-Ionen oder die Menge irgendeines anderen Kations, das dieses mg H^+ ersetzt, bezogen auf 100 g ofentrockene Substanz. Ein Wert von 10 mval/100 g bedeutet, daß z.B. 100 g trockene Illit-Tonsubstanz 10 mg H^+ adsorbieren kann. Von zweiwertig positivem Ca^{++} wird jeweils 1 Ca^{++}-Atom benötigt, um 2 H^+ zu substituieren. Da Ca das Atomgewicht 40 gegenüber 1 von H hat, werden für 1 mval H^+ 40/2 mg Ca, für 10 mval 400/2 = 200 mg Ca benötigt. Bei K^+ (Atomgewicht 39) wären es 390 mg pro 100 g Illit.
Die Austauschkapazität wird bestimmt, indem Boden mit Lösungen von Barium- oder Amoniumsalzen behandelt wird. Das Ba- oder die NH_4-Ionen verdrängen dabei die austauschbaren Kationen (Ca, Mg, K usw.) in äquivalenten Mengen. Diese müssen dann in der Lösung bestimmt werden.

III. Zusatz über pH-Wert

Alle chemischen Vorgänge im Boden werden maßgebend mitbestimmt vom Grad der Säurekonzentration in der Bodenlösung. Die Säurekonzentration kann ermittelt werden durch die Wasserstoffionenkonzentration. Diese wird angegeben durch den pH-Wert.

Im Wasser ist immer ein geringer Teil der H_2O-Moleküle in H^+- und OH^--Ionen dissoziiert. Ein Liter ganz reinen Wassers enthält

$$10^{-7} = \frac{1}{10^7} = \frac{1}{10000000} = 0.0000001 \text{ g } H^+\text{-Ionen.}$$

Wird das Wasser mit einer schwachen Säure (im Boden vor allem Humussäuren, Kohlensäure oder auch Schwefel- und Salpetersäure) versetzt, so erhöht sich der Gehalt an Wasserstoffionen beispielsweise auf 0.00001 = 10^{-5} g pro Liter. Das Wasser zeigt dann eine „saure Reaktion", d.h. es reagiert auf eingebrachte Salze wie eine ganz schwache Säure. Entsprechendes gilt auch von jeder Bodenlösung mit einer Wasserstoffionenkonzentration größer als 10^{-7} g/Liter.

Wird umgekehrt reinem Wasser eine Base zugesetzt (im Boden vor allem die Laugen von Kalzium Ca^{2+}, Kalium K^+ oder Natrium Na^+), so verringert sich sein Gehalt an freien Wasserstoffionen beispielsweise auf 0.00000001 = 10^{-8} g/Liter. Das Wasser oder eine entsprechende Bodenlösung zeigen eine „alkalische Reaktion"; sie wirken chemisch wie eine sehr schwache Base.

Es zeigen also Lösungen mit einer Wasserstoffionenkonzentration von $10^{-6,9}$ bis 10^{-1} g pro Liter eine (graduell unterschiedlich) saure, 10^{-7} g pro Liter eine neutrale, $10^{-7,1}$ bis 10^{-9} g pro Liter eine (unterschiedlich starke) alkalische Reaktion.

Um eine möglichst einfache Schreibweise zu erreichen, ist vereinbart worden, den negativen Exponenten der Grundzahl 10 der Wasserstoffionenkonzentration als pH-Wert anzugeben.

Also z. B. 0.00001 = 10^{-5} g H^+/Liter entspricht pH 5 und ist sauer, 0.0000001 = 10^{-7} g H^+/Liter entspricht pH 7 und ist neutral, 0.00000001 = 10^{-8} g H^+/Liter entspricht pH 8 und ist alkalisch.

Häufig vorkommende pH-Werte für saure Reaktion liegen zwischen den Ziffern 6,9 und 3,5, für alkalische Reaktion zwischen 7,1 und 8,0.

ZA 12 Tonminerale, ihre Bildung und Eigenschaften

Tonminerale entstehen bei der Verwitterung der Gesteine an der Erdoberfläche. Es sind plättchenförmige Kristalle. Wegen der relativ niedrigen Bildungstemperatur können die Kristalle nur bis Größen unter 0,002 mm (2 μ) anwachsen; Tonminerale finden sich zusammen mit den feinsten Aufbereitungsresten von Quarz und verschiedenen Primärmineralien nur in der Tonfraktion der Böden. Die Bildung der Tonminerale erfolgt entweder durch direkten Umbau der strukturverwandten Glimmerkristalle oder durch Neuaufbau aus den Bausteinen chemisch verwitternder Silikatminerale (Feldspäte, Pyroxene, Amphibole u. a.) in der Bodenlösung.

Will man ihre ökologische Bedeutung erfassen, muß man die chemischen und kristallographischen Grundtatsachen über Tonminerale genügend genau kennen, um ihr bodenchemisches und -physikalisches Verhalten verstehen zu können. Es wird deshalb notwendig sein, sich mit dem entsprechenden Stoff bodenkundlicher und tonmineralogischer Lehrbücher vertraut zu machen, z. B.

LAATSCH, W.: Dynamik der mitteleuropäischen Mineralböden. Leipzig 1957.

SCHEFFER-SCHACHTSCHABEL: Lehrbuch der Bodenkunde, Stuttgart 1976.

BIRKELAND, W.: Pedology, Weathering and Geomorphological Research. London, Toronto 1974.

Und sehr kurz resummierend auch

GANSSEN, R.: Grundsätze der Bodenbildung. B. I. Hochschultaschenbücher 327. Mannheim 1965.

Spezielle Lehrbücher der Tonmineralogie z. B.:

JASMUND, K.: Die silikatischen Tonminerale. Weinheim 1955.

GRIM, R. E.: Clay Mineralogy. New York 1953.

MILLOT, G.: Geology of Clays. Weathering, Sedimentology, Geochemistry. London 1970.

Tonminerale sind Schichtkristalle. Es sind mikroskopisch kleine Plättchen, deren Länge meist unter einem tausendstel mm (< 0,001 mm, < 10^{-3} mm, < 1 μ), deren Dicke noch einmal fünfzig- bis fünfhundertmal kleiner ist (0,02 bis 0,002 μ).

Sie sind aufgebaut aus elektrisch aktiven Atomen, Kationen mit positiver, Anionen mit negativer Ladung. Die Hauptbeteiligten sind mit ihren elektrischen Valenzzahlen und entsprechend ihrer relativen Größe (Durchmesser in Ångström. 1 Å = 10^{-7} mm = 10^{-4} μ = 0,0001 μ) in der folgenden Figur aufgeführt (unter Verwendung von SCHEFFER-SCHACHTSCHABEL und BIRKELAND).

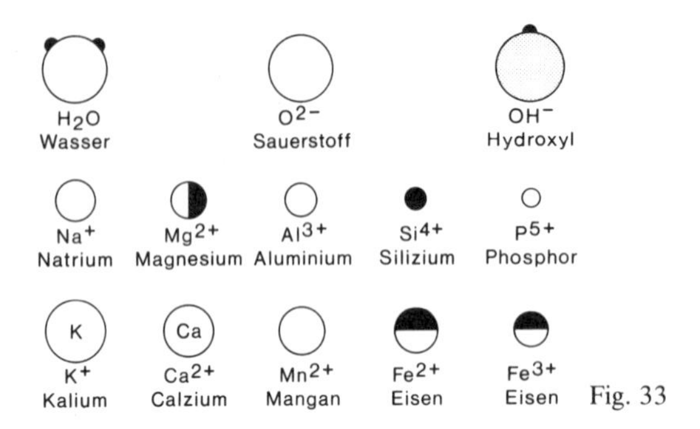

Fig. 33

Kristallographisch sind Zwei-, Drei-, Vierschicht- sowie Übergangs- und Wechsellagerungstonminerale zu unterscheiden.

Mit den kristallographischen Strukturunterschieden sind außer Unterschieden im Chemismus vor allem die ökologisch bedeutsamen Unterschiede des physikalischen und chemischen Verhaltens im Verwitterungsboden verbunden.

Den einfachsten Kristallbau haben die Zweischichtenminerale der Kaolinitgruppe. Die anderen lassen sich auf der Kaolinitstruktur aufbauend ableiten.

1. Kaolinit als Zweischichtentonmineral

Unter dem Elektronenmikroskop werden bei mehr als 10000facher Vergrößerung Kaolinitkristalle als sechseckige Täfelchen sichtbar.

Die chemische Analyse ergibt jeweils eine Zusammensetzung, die man mit dem Mehrfachen der Formel $Si_2\ Al_2\ O_5\ (OH)_4$ ziemlich eindeutig angeben kann.

Die geometrische Anordnung im Kristallverband ist so, daß die kleinen Si^{4+}- und Al^{3+}-Ionen jeweils als Zentralatome eines Kristallbausteines fungieren, indem sie von den weit größeren O^{2-} und $(OH)^-$-Ionen in bestimmter geometrischer Anordnung umgeben sind.

Um die Geometrie der Anordnung deutlich hervorzuheben, verzichtet man meist zunächst einmal auf die Darstellung der tatsächlichen Größenverhältnisse der Atome und zeichnet nur deren Schwerpunkte an die Ecken der entsprechenden geometrischen Raumfigur. Im zweiten Schritt wird dann die wirkliche Atompackung ungefähr maßstabgetreu wiedergegeben.

Die kristallographische Anordnung der in der chemischen Formel des Kaolinit angegebenen Atome weist zwei Schichten auf. In der einen sind die relativ kleinen Si^{4+}-Kationen von O^{2-}-Anionen in Form eines Tetraeders (*Silizium-Tetraeder-Schicht*), in der zweiten die etwas größeren Al^{3+}-Kationen von O^{2-}-Ionen bzw. Hydroxylgruppen $(OH)^-$ in Form eines Oktaeders umgeben (*Aluminium-Oktaeder-Schicht*). Die Verbindung der beiden Schichten untereinander zur sog. Elementarschicht des Kaolinits wird dadurch geschaffen, daß jedes vierte Sauerstoffatom der Silizium-Tetraeder-Schicht gleichzeitig zur Aluminium-Oktaeder-Schicht gehört.

In der nachfolgenden Figur* sind links die Bauelemente der Tetraeder- und Oktaeder-Schicht jeweils separiert, rechts in ihrer Schichtverbindung schematisch dargestellt.

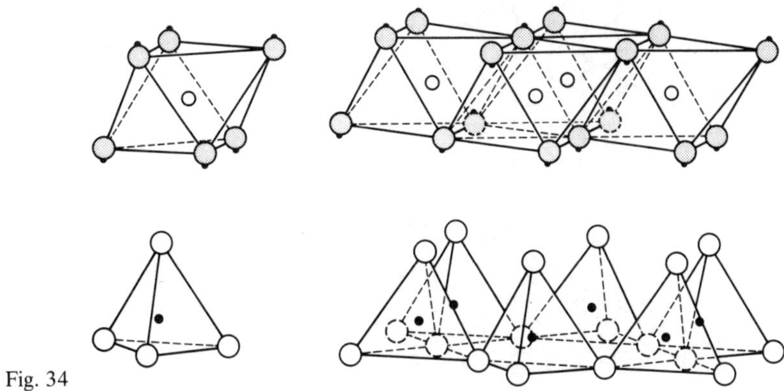

Fig. 34

Das vierwertig positive Si-Ion ist – separiert gedacht – von vier zweiwertig negativen Sauerstoffionen umgeben. Es bleibt also für jedes O-Ion eine freie negative Valenz übrig, das Bauelement SiO_4^{4-} hat eine hochgradig negative Ladung. Sie wird dadurch weitgehend abgebaut, daß bei der Schichtbildung die basalen O-Ionen jeweils zwei Tetraedern angehören. Die Zusammenfügung der Basisdreiecke aus O-Ionen erfolgt jeweils in Form eines Sechserringes (daher die sechseckige Figur von Kaolinitkristallen). Die vierten, nicht auf zwei Tetraeder „aufgeteilten" Sauerstoffionen sind alle auf derselben Seite der Basisionen angeordnet. Sie tragen die verbleibende negative Ladung der Tetraeder-Schicht ($Si_2O_5^{2-}$).

Im Oktaeder (zwei vierseitige Pyramiden mit gemeinsamer quadratischer Grundfläche) ist das dreiwertig positive Al^{3+}-Ion von sechs $(OH)^-$-Ionen umgeben. Bei der Schichtbildung werden die OH^--ionen zu gemeinsamen Elementen benachbarter Oktaeder, und im Falle des dreiwertigen Al-Ions sind nur zwei Drittel aller möglichen Zentralatomstellen besetzt.

Da der Abstand zwischen benachbarten Sauerstoffionen auf den Spitzen der Si-Tetraeder-Schicht praktisch genau der Kantenlänge im Al-Oktaeder entspricht, können Tetraeder- und Oktaeder-Schicht miteinander in Verbindung treten. Das Ergebnis ist, daß an zwei unter jeweils drei Hydroxylecken der Unterseite der Oktaeder-Schicht ein Sauerstoffion der Tetraeder-Schicht tritt und so eine Si-O-Al-Brücke baut (die überflüssigen OH-Ionen werden nach ihrer Kombination mit Wasserstoff aus der Reagenzlösung als Wasser freigesetzt).

Das Strukturmodell der Elementarschicht eines Kaolinit-Tonmineral-Sechserringes hat dann angenähert maßstabgetreu angeordnet und zur besseren Einsicht in die chemischen und elektrischen Eigenschaften in drei Ionenlagen aufgeblättert, folgendes Aussehen (unter Verwendung von Fig. 18 in LAATSCH, 1957).

* Sehr instruktiv ist die Übung (für Schülergruppen z. B.), die entsprechenden Tetraeder- und Oktaeder-Elemente (ohne die Eckkugeln) zu basteln und entsprechend zusammenzubauen. Man muß dabei darauf achten, daß die Kantenlänge der gleichseitigen Dreiecke im Oktaeder dem Abstand zwischen den Spitzen der zur Schicht zusammengeschobenen Tetraeder entspricht.

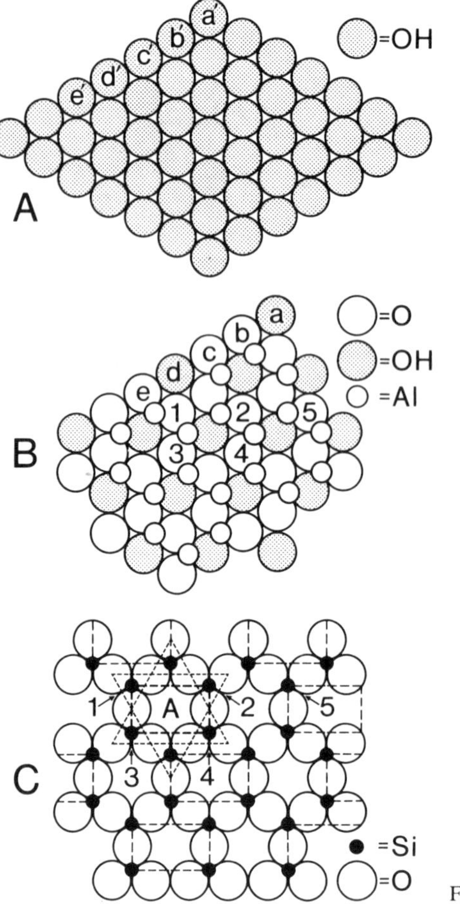

Fig. 35

Die obere Hydroxyl-Ionenlage (A) ist einfach eine dichteste Kugelpackung. In der mittleren Lage (B) sind die Sauerstoff- und Hydroxyl-Anionen zusammen mit den Aluminium-Kationen dargestellt (wobei die Sauerstoffionen die Spitzen der Silizium-Tetraeder sind). Wenn man sich die obere und mittlere Lage entsprechend der Zuordnung a′ über a, b′ über b usw. übereinandergeschichtet vorstellt, dann sitzen die Al-Ionen in den Lücken der beiden Kugellagen, wobei jede dritte Lücke unbesetzt ist. Die dritte Lage (C) ist das Netz der Sauerstoffionen der Tetraederbasisflächen in Sechserringen zusammen mit den entsprechenden Si-Kationen. Bei der kristallographisch richtigen Zusammenfügung mit der Sauerstoff-Hydroxyl-Zwischenlage müssen die Si-Ionen (1–4), die an den Ecken des Hilfslinienrechteckes in der unteren Lage sitzen, unter die in der Zwischenlage mit 1 bis 4 ausgezeichneten Sauerstoffionen gebracht werden, da sie die Spitzen der Si-Tetraeder sind.

Nach dieser (notwendigen) formal-kristallographischen Vorbereitung können nun die für die Funktion des Kaolinites entscheidenden chemischen und kristallelektrischen Eigenschaften abgeleitet werden. Dafür habe ich zur Vereinfachung des Durchschauens der quantitativen chemischen Zusammensetzung in die untere Lage ein paar Hilfskonstruktionen eingezeichnet. Mit den Rechtecken sind alle Si-Ionen der Basislage erfaßt. Zu den vier Si-Ionen des Rechteckes A gehört je ein Basisdreieck aus Sauerstoffionen, die miteinander einen Sechserring aus dem Tetraedernetz formieren. Die vier Basisdreiecke haben zusammen zwölf Sauerstoffionen. Jedes von ihnen ist aber Mitglied von zwei Basisdreiecken gleichzeitig (ob diese zu dem ausgezeichneten Rechteck A gehören oder zu einem anderen Si-Rechteck, ist dabei gleichgültig).

Den vier Si-Ionen sind mengenmäßig also $12/2 = 6$ O^{2-}-Ionen zugeordnet, so daß als quantitative chemische Zusammensetzung für die untere Lage $4\ Si^{4+} + 6\ O^{2-}$ resultiert.

Für die O-(OH)-Zwischenlage mit den Al^{3+}-Kationen kann man das geometrische Analysenverfahren genau so machen. Als Ergebnis kommt die Zuordnung $4\ Al^{3+} + 4\ O^{2-} + 2\ (OH)^-$ heraus.

Und in der Hydroxyl-Lage ist jedes Al-Ion noch von vier $(OH)^-$-Ionen umgeben, die es jeweils mit einem anderen Al-Ion teilen muß. Das macht $4 \cdot 4/2 = 8\ (OH)^-$-Ionen.

Zusammengelegt hat die Elementarschicht des Zweischicht-Tonminerals für die Sechserringeinheit der Basisfläche also folgendes modellhaftes Aussehen (s. Fig. 36):

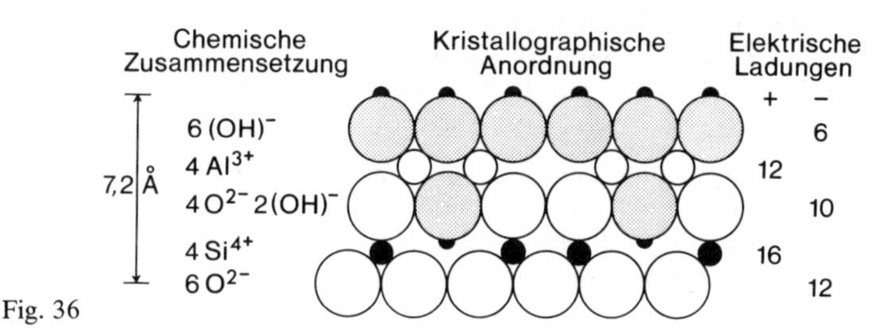

Fig. 36

Von der Seite betrachtet, besteht die Kaolinit-Elementarschicht aus drei übereinander liegenden Lagen der großen Sauerstoff- und Hydroxylionen, während die relativ kleinen Si- und Al-Ionen die Lücken zwischen den Kugelpackungen einnehmen. Die obere Lage ist eine dichte Hydroxyl-Packung, die untere hingegen bildet ein sechseckiges Netz aus O-Ionen.

Die quantitative chemische Zusammensetzung ist für einen Sechserring links neben dem Elementarschicht-Ausschnitt angegeben.

Positive und negative elektrische Ladungen der Bauelemente gegeneinander aufgerechnet, zeigen, daß jede Sechserringeinheit der Elementarschicht des Kaolinits elektrisch ausgeglichen, neutral ist. Mehrere Elementarschichten übereinander sind es demnach auch. Nur an den seitlichen Rändern, dort, wo das Kristallplättchen abbricht, bleibt ein geringer negativer Ladungsüberschuß, weil die Ladungen der randlichen Sauerstoffionen des Sechsecknetzes und der O-(OH)-Zwischenschicht nur nach einer Seite von der Ladung der Si- bzw. Al-Ionen kompensiert werden. Nur diese freien negativen Valenzen an den Rändern können Kationen aus der Bodenlösung anziehen, adsorbieren und austauschen. *Auf den Flächen selbst sind die Kaolinit-Elementarschichten elektrisch neutral.* Und da die Kaolinitkristalle (im Vergleich zu den Dreischichtenmineralen Illit und Montmorillonit) auch noch verhältnismäßig groß, die Zahl der randlichen Begrenzungen pro Massen- oder Volumeneinheit Kaolinit also verhältnismäßig klein ist, ist die

Kationenaustauschkapazität der Kaolinittonminerale *entsprechend beschränkt* (3 bis 15 mval/100 g).

Daß sich trotz der elektrischen Neutralität der Flächen noch mehrere Elementarschichten wie die Blätter eines Buches zu Schichtpaketen zusammenschließen, liegt an den winzigen und hochmobilen Wasserstoffionen der oberen Hydroxylpackung. Sie haben die Tendenz, mit den Sauerstoffionen des unteren Sechsecknetzes einer nächstfolgenden Elementarschicht zu reagieren und eine sog. Hydrogenbindung oder Wasserstoffbrücke herzustellen. Diese Bindung ist relativ kräftig. Sie bewirkt einen kleinen Basisabstand von einer Sauerstoffnetzschicht zur anderen von nur 7.2 Å und läßt auch nur eine geringe Aufweitung zu, so daß eine Zwischenlagerung von Wassermolekülen und insgesamt die *Plastizität des Kaolinits gering* ist.

Zusammen gesehen verleihen die geschilderten chemischen und kristallographischen Eigenschaften dem Tonmineral Kaolinit eine *große physikalische und chemische Stabilität.* Es ist elektrisch sehr gut abgesichert, hat vor allem zwischen den Elementarschichten keine freien Valenzen, die durch Kationen ausgeglichen werden müssen, die dann den Austausch- und Lösungsvorgängen unterworfen wären und dadurch das Kristallgitter dem Zusammenbruch ausliefern könnten. Folge der Stabilität ist, daß Kaolinitkristalle meist als relativ große, unbeschädigte Aufbauformen im Boden vorhanden sind, die an den Bruchrändern lokalisierten freien Valenzen relativ gering sind, das Ionenaustauschvermögen dementsprechend beschränkt ist, die innere Oberfläche der Masseneinheit klein und die Wasseraufnahmefähigkeit (Quellfähigkeit, Plastizität) sehr begrenzt ist.

Eine Abwandlung der Kaolinite sind die *Halloysite.* Bei ihnen ist zwischen die kaolinitischen Elementarschichten eine Schicht von Wassermolekülen zwischengeschaltet. Man kann sie als hydratisierten Kaolinit bezeichnen, mit dem sie die Austauscheigenschaften gemeinsam haben.

2. Die Dreischicht-Tonminerale

Die Dreischicht-Tonminerale weisen gegenüber dem zweischichtigen Kaolinit kristallographisch folgende im ökologischen Zusammenhang wichtige Unterschiede auf:

Erstens ist die Aluminium-Oktaeder-Schicht nicht nur auf einer, sondern auf beiden Seiten mit einer Silizium-Tetraeder-Schicht verbunden, so daß die Elementarschicht aus der Drei-Schichtenfolge Si-Tetraeder/Al-Oktaeder/Si-Tetraeder besteht.

Zweitens sind sowohl in der Tetraeder- als auch in der Oktaeder-Schicht die beim Kaolinit ausschließlich als Zentralatome fungierenden Si^{4+}- bzw. Al^{3+}-Ionen teilweise durch andere Ionen ersetzt, die klein genug sind, um ins Tetraeder bzw. Oktaeder zu passen (isomorpher Ersatz).

Da die Ersatzionen meist eine geringere elektrische Ladung (Wertigkeit) als Si^{4+} oder Al^{3+} aufweisen, bleibt drittens über den Elementarschichten eine permanente negative Ladung unterschiedlicher Wertigkeit, die durch die Einlagerung von Kationen zwischen die Elementarschichten (Zwischenschichtionen) neutralisiert werden muß.

Während der erstgenannte Unterschied generell auf alle Dreischicht-Tonminerale zutrifft, resultiert aus dem zweiten und dritten die Vielfalt der Dreischicht-Tonminerale. Je nachdem, welche Kationen als isomorpher Ersatz in das Gitter eingebaut werden und welches die Zwischenschichten sind, ergeben sich die Variationen des Typs. Die Auswahl der verschiedenen Kationen erfolgt während der Bildung des Kristallgitters und hängt ab von der Konzentration der konkurrierenden Ionen in der jeweiligen Bodenlösung, in welcher die Dreischicht-Tonminerale entstehen.

Die wichtigsten Dreischicht-Tonminerale sind Illite und Montmorillonite.

2a) Die Illite

Illit ist ein Sammelbegriff für eine Gruppe von Tonmineralen, die im Kristallaufbau viel Ähnlichkeit mit Glimmern haben, aber wesentlich kleinere Kristalle bilden (größter Durchmesser unter 2 μ) sowie einen geringeren Kalium- und größeren Wassergehalt als diese aufweisen.

Sie alle haben einen hohen Grad an isomorphem Ersatz von Si^{4+} durch Al^{3+}, das nicht wesentlich größer ist als das Si-Ion und deshalb noch in die Struktur der beiden Tetraeder-Schichten hineinpaßt. In der Oktaeder-Schicht kann Al^{3+} durch Mg^{2+} oder Fe^{2+} ersetzt sein. In der folgenden Fig. ist ein entsprechendes Beispiel wiedergegeben (unter Verwendung von Abb. 17 in SCHEFFER-SCHACHTSCHABEL, 1966).

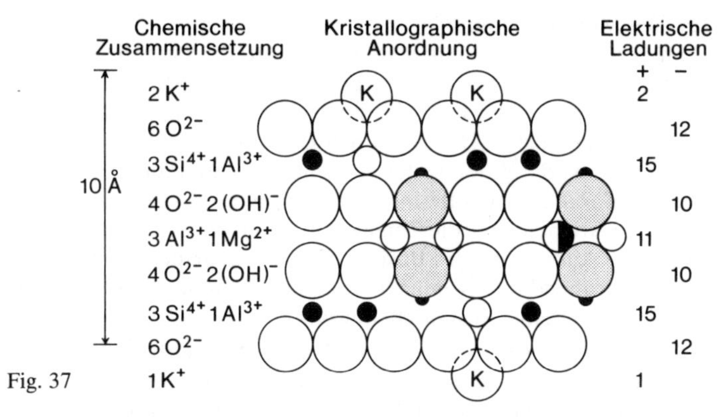

Fig. 37

Der Ersatz von Si^{4+} und Al^{3+} durch niederwertige Ionen hat eine hohe permanente elektrische Ladung zwischen den Elementarschichten zur Folge. Sie werden (– wie beim Glimmer –) durch den Einbau von K^+-Ionen neutralisiert. Da die Kaliumionen mit ihrem relativ großen Durchmesser noch gut in die napfartigen Vertiefungen der Sechserringe des Tetraedernetzes hineinpassen, ist der Bindungsabstand vom Kaliumion zum jeweiligen Ladungsschwerpunkt in der Tetraederschicht relativ klein, die Anziehung der K-Ionen deshalb relativ stark. Da die Kalium- als Zwischenschichtionen jeweils ungefähr halb in die Sechsecknetze der oberen Tetraederschicht der unteren Elementarschicht einerseits und die untere einer nach oben folgenden neuen Elementarschicht andererseits eintauchen, ist die Bindung zwischen den Elementarschichten der Illite über die Kaliumionen relativ stark.

Erst wenn vom Rande der Kristalle her ein Ersatz des Kaliums durch andere Kationen mit kleinerem Durchmesser wie Ca, Na oder H erfolgt, können zusammen mit diesen Wassermoleküle in die Zwischenschichten eingelagert werden, welche den Basisabstand aufweiten, den Austausch des Kaliums weiter in die Zwischenschicht vortreiben und so ein Fortschreiten der Aufweitung der Elementarschichten im Kristall bewirken. Die hydratisierten, also von Wassermolekülen umgebenen Kationen sind im aufgeweiteten Kristallgitter im Gegensatz zum ursprünglichen Kalium des dicht schließenden Kristalls leicht austauschbar.

Da nun in einem natürlichen Boden mit Illit als Tonmineral alle möglichen Stadien von der kleinsten bis zur maximal möglichen Aufweitung (von 15 Å) und alle Grade des Kaliumaustausches enthalten sind, muß sich eine relativ große Spanne der Austauschkapazität ergeben, die für die Illitgruppe mit Werten zwischen 10 (noch im Bereich der Austauschwerte für Kaolinit!) und 40 mval/100 g festgestellt worden ist. Die aktive Oberfläche ist mit 70 bis 100 m^2/g relativ mäßig.

2b) Die Vermiculite

Das Stadium maximaler Aufweitung auf 15 Å und den vollständigen Ersatz des Kaliums durch Ca- und Mg-Ionen, die auf beiden Seiten von einer molekularen Wasserschicht umgeben und schichtförmig zwischen den Elementarschichten angeordnet sind, wird als eine besondere Tonmineralgruppe, die der Vermiculite, definiert. Sie entstehen meist als Abbauprodukte der Glimmer über das Zwischenstadium der Illitkristalle. Ihre extrem große Austauschkapazität von 100 bis 150 mval/100 g ist aus dem vorauf Dargelegten wohl verständlich.

2c) Die Montmorillonite

Montmorillonite haben einen ähnlichen Gitterbau wie die Illite, nur überwiegt bei ihnen anstelle des tetraedrischen isomorphen Ersatzes von Si^{4+} durch Al^{3+} der oktaedrische von Al^{3+} durch Mg^{2+} oder Fe^{2+}. Dadurch entsteht wieder eine permanente negative Ladung auf der Schichtfläche. Da sie auf den Ersatz in der relativ „entfernten“ Oktaederschicht zurückgeht, ist die Bindung der Zwischenschichtkationen wesentlich weniger stark als in den Illiten mit dem Ersatz in der nahen Tetraederschicht. Der Eintausch von Ca- und anderen Kationen und die Einlagerung von Wasser zwischen den Elementarschichten sowie eine Aufweitung des Basisabstandes von ursprünglich 10 Å auf das Doppelte kann dementsprechend relativ einfach erfolgen. Montmorillonit-Kristalle sind extrem quellfähig und haben hohe Austauschkapazität.

Hinzu kommt noch, daß durch die leichte Aufweitbarkeit die Schichtflächen fast aller Elementarschichten zu aktiven Oberflächen werden und das elektrisch schlecht abgesicherte Montmorillonit-Kristallgitter unter dem Bombardement von Wasserstoffionen zusammenbricht, sich also Bruchstücke mit noch unausgeglichenerer elektrischer Restladung bilden. Die Folge von allem ist, daß Montmorillonit-Tone in hohem Maße aus Mineralbruchstücken bestehen, im Elektronenmikroskop als unscharf begrenzte kleine Plättchen erscheinen und eine extrem große aktive Oberfläche (800 m^2/g) und eine sehr große Austauschkapazität (80–100 mval/100 g) pro Masseneinheit aufweisen.

Aus der chemischen Zusammensetzung der Montmorillonite kann man die Folgerung ableiten, daß sie sich nur in relativ basischen, an Alkalien reichen Bodenlösungen in Anwesenheit besonders von Ca bilden können. In saurem Milieu mit hoher Wasserstoffionenkonzentration wird er schnell abgebaut.

3. Chlorite als Vierschichten-Tonminerale

Man muß unter den Chloriten zunächst die primären von den bodenökologisch wesentlich wichtigeren sekundären Chloriten unterscheiden. Die primären sind Gesteinsminerale, die in der Hauptsache in metamorphen Gesteinen (typisch im Chloritschiefer, in geringeren Mengen aber auch in allen leicht metamorphen Tonschiefern und Phylliten) auftreten.

Als Basiselement aller Chlorite kann man die Elementarschicht der Illite unter Weglassung der Zwischenschichtionen ansehen. In diesem Basiselement sind in der

Tetraeder- wie in der Oktaederschicht isomorphe Ersatzionen für Si^{4+} bzw. Al^{3+} schon enthalten und bewirken einen permanenten negativen Ladungsüberschuß. Dieser wird nun bei den Chloriten nicht durch Einfügung von Kalium-Kationen als Zwischenschichtionen ausgeglichen – wie bei den Illiten –, sondern durch Anbindung einer zusätzlichen vierten Oktaederschicht. Diese besteht beim *primären Chlorit* aus einer Magnesiumhydroxid-(Mg_3-$(OH)_6$)-Schicht, in welcher aber die Mg^{2+}-Ionen (alle Oktaeder sind mit einem Zentralion besetzt!) teilweise durch Al^{3+} oder/und Fe^{3+} ersetzt sind. Das gibt der Magnesium-Oktaeder-Schicht einen positiven Ladungsüberschuß, welcher mit dem negativen des Illit-Basiselementes zum Ausgleich und zur Bindung führt. Außerdem wirkt – wie beim Kaolinit – noch die Hydrogenreaktion zwischen dem Wasserstoff der (OH)-Ionen der Magnesium-Oktaeder-Schicht und den Basissauerstoffen der oberen Tetraederschicht des Illit-Basiselementes, so daß insgesamt eine sehr starke Bindung zur vierten Schicht resultiert. Geringer Basisabstand von 14 Å und eine praktisch unmögliche Aufweitbarkeit der Schichten ist die Folge. Der Kationenaustausch muß sich demzufolge bei primären Chloriten auf die Bruchränder der Kristalle beschränken und ist entsprechend klein.

Die sekundären Chlorite (– in der Bodenkunde werden meist nur diese unter der vereinfachenden Bezeichnung „Chlorite" verstanden –) haben als vierte Schicht statt der Magnesium- eine Aluminiumhydroxid-Oktaederschicht, in der aber etwas mehr Zentralatomstellen durch Al^{3+} besetzt sind als in einer normalen, elektrisch ausgeglichenen Al-Oktaederschicht. Daraus resultiert wieder eine geringe positive Restladung. Die Bindung an das illitische Basiselement ist die gleiche wie bei primären Chloriten.

Man vermutet als Entstehung der sekundären Chlorite, daß in aufweitbare Dreischichttonminerale (z.B. Montmorillonit oder Vermiculit) die überbesetzte Al-Oktaederschicht gegen die Zwischenschicht-Kaliumionen eingetauscht wird. Das geht natürlich nur in einem Milieu mit langsam ablaufenden chemischen Reaktionen, in dem die Dreischichten-Tonminerale ihre zweite Si-Tetraederschicht behalten, Desilifizierungsvorgänge sehr schwach sind. Chlorite sind charakteristisch für die Tonfraktion in Böden über basischem Ausgangsgestein der kühl gemäßigten Zone.

Im perfekten Zustand sind auch die sekundären Chloritkristalle schlecht aufweitbar und haben eine geringe Austauschkapazität. Daß sie bei der sehr geringen Quellfähigkeit trotzdem mittlere Austauschkapazitäten aufweisen, muß man wohl darauf zurückführen, daß ein erheblicher Teil der Chloritkristalle als nicht perfekte Kristallbruchstücke vorliegt (allerdings nicht so extrem wie beim wesentlich weniger stabil gebauten Montmorillonit).

Zusammenfassend kann man folgendes festhalten:

Mit der Zahl der Schichten werden der chemische Aufbau und die kristallographische Struktur der Tonminerale komplizierter.

Im zweischichtigen Kaolinit sind als Kationen praktisch nur Si^{4+} und Al^{3+} vertreten, und das Kristallgitter ist ladungsmäßig in sich ausgeglichen. Das Mineral ist dadurch gegen weitere chemische Zersetzung gut abgesichert. JACKSON u.a. haben es mit der Indexzahl 10 der Verwitterungsstabilität versehen (JACKSON, M. L., TYLER, S. A., WILLIS, A. L., BOURBEAU, G. A. und PENINGTON, R. P.: Weathering sequence of clay-size minerals in soils and sediments. I. Foundamental generalisations. Journ. Phys. Colloid Chem. 52, 1948). Unter stärkerer chemischer Verwitterung kann in alten Böden auch noch die letzte Si-Tetraederschicht abgespalten und aus Kaolinit *Hydrargillit* (*Gibbsit*, Al_2 $(OH)_6$) werden. Er hat dann die Indexzahl 11 der Verwitterungsstabilität.

Die Drei- und Vierschichten-Tonminerale haben durch den isomorphen Ersatz zusätzlich zum Si^{4+} und Al^{3+} meist schon Mg^{2+} oder Fe^{2+} als drittes und viertes Kation hinzubekommen. Die Ersatzionen sitzen in elektrisch unausgeglichener Position. Die Kristallschichten haben eine permanente negative Ladung. Sie muß durch neue Zwischenschichtkationen ausgeglichen werden. Alles das sind Schwächestellen für chemische Reaktionen, sowohl für reversible wie den Kationenaustausch als auch für irreversible, die den weiteren Abbau der Dreischichten-Tonminerale durch Kationenabfuhr und Desilifizierung zur Folge haben.

Daraus folgt als entscheidend wichtige Tatsache:

„Bei intensiver Verwitterung, wie sie unter dem Einfluß einer stark sauren Reaktion, hoher Niederschläge und hoher Temperatur vonstatten geht, gehen die Dreischichtenminerale und Chlorite unter Verlust von Silizium (Desilifizierung) und anderen Elementen in Kaolinite und Halloysite über, die sich schließlich unter weiterem Si-Verlust in Aluminiumoxide und -hydroxide, vor allem in Hydrargillit, umwandeln können" (Scheffer-Schachtschabel, S. 64).

Bei der Umwandlung des Dreischichten-Minerals Montmorillonit z. B. in Kaolinit „führt das Bombardement der Wasserstoffionen auf die Montmorillonit-Kristalle zum Austausch der basischen Kationen durch Wasserstoffionen und damit zum Zusammenbruch der Schichtpakete. Aus den in Lösung gehenden Gitterbestandteilen, d. h. aus Kieselsäure und Aluminiumhydroxid, wird das in saurer Lösung stabilere Kaolinitgitter aufgebaut. Zerfällt bei fortgesetzter Verarmung der Bodenlösung an Basen schließlich auch dieses Tonmineral, so kristallisiert das freie Aluminiumhydroxid als Hydrargillit aus und die Kieselsäure bleibt in Gestalt amorpher Körnchen zurück" (W. Laatsch, 1957, S. 66).

Die frei gewordene Kieselsäure kann sich aber auch in den für tropische Verwitterungsböden typischen Quarzhorizonten konzentrieren.

Verwittern Glimmer und Feldspat „außerordentlich langsam (kühles Klima oder geringe Basenauslaugung) und wird eine ausreichende Kaliumionenkonzentration in der Bodenlösung aufrecht erhalten, so entsteht zunächst Illit. Beschleunigte Verwitterung und ein hoher Magnesiumgehalt der Bodenlösung können u. U. sofort zur Montmorillonitbildung führen" (Laatsch, S. 67).

Hinsichtlich der Abhängigkeit der Tonmineralbildung vom Ausgangsgestein leuchtet ein, daß aus basischen Magmatiten mit ihrem hohen Gehalt an Magnesium-, Mn- und Ca-reichen Mineralen sich zunächst bevorzugt Montmorillonite, Vermiculite und Chlorite, aus den glimmerreichen sauren Magmatiten dagegen bevorzugt Illite bilden. Bei großer Verwitterungsintensität, wenn also die Alkali- und Erdalkaliionen schneller ausgewaschen werden als sie aus primären Silikaten nachgeliefert werden können, bilden sich auch über Magmatiten sofort Kaolinite.

Die wichtigsten Bildungsmöglichkeiten, Entwicklungsreihen und Stabilitätsindizes der Tonminerale kann man in folgender Übersicht schematisch zusammenfassen (unter Verwendung von LAATSCH, SCHEFFER-SCHACHTSCHABEL und BIRKELAND):

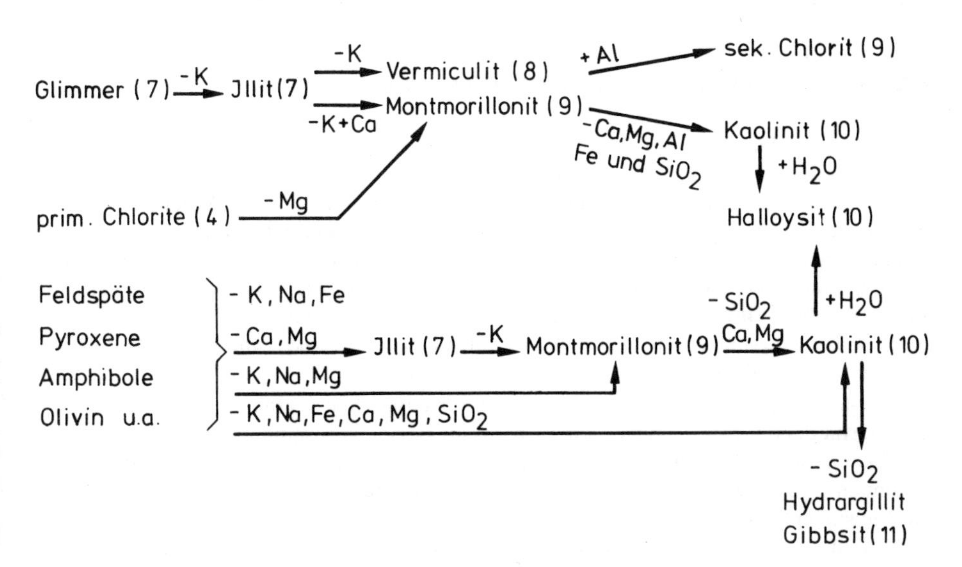

ZA 13 Klimaabhängigkeit der Hydrolyse als dem wichtigsten Vorgang der chemischen Verwitterung [s. auch ZA 11]

Hydrolyse wird verstärkt mit wachsender Temperatur, mit wachsender Ausschwemmung und in stark saurer Bodenlösung.

Für die Temperaturabhängigkeit wird von den Bodenkundlern die Faustregel angewendet, daß bei einer Temperaturzunahme von 10° C sich die Dissoziation (Zerfall der Wassermoleküle in H^+ und OH^-) des Wassers und damit die chemische Reaktionsrate verdoppelt. Wenn letztere bei 10° C den Wert V hat, so steigt der auf 2 V bei 20° und 4 V bei 30°. Tropische Regenzeittemperaturen liegen zwischen 20 und 30°.

Wenn ein Boden bei hohen Niederschlägen gut drainiert ist (kein Grundwasserstau!), so werden die bei der chemischen Zersetzung anfallenden Kationen abgeführt. Es kann sich keine genügend große Konzentration in der Bodenlösung bilden, die weiteren Abbau aus den Kristallen hindern würde.

In stark saurer Bodenlösung (mit hoher Wasserstoffionenkonzentration, also niedrigem pH-Wert) ist die Hydrolyse maximal groß.

Man kann folgende Abschätzung zwischen kühl-gemäßigten und tropisch-warmen Regenklimaten machen:

Wegen der höheren Temperatur (30° gegen 10°) ist die Hydrolyse vierfach stärker anzusetzen. Die Ausschwemmung kann bei den sehr viel höheren Niederschlägen fünffach intensiver sein. Und der Rückgang des pH-Wertes um eine Einheit aus Gründen höheren Säuregehaltes der Niederschläge oder besonders saurer organischer Zerfallsprodukte vergrößert die Konzentration der Wasserstoffionen um das Zehnfache. Alles zusammen genommen kann in gut drainierten sauren Böden der feuchten Tropen die Hydrolyse 100- bis 200mal stärker sein als in kühl-feuchten Klimaregionen (nach G. MILLOT: Geology of Clays. London 1970).

ZA 14 Chemismus amazonischer Fließgewässer

H. SIOLI, em. Direktor der Abteilung Tropenökologie des Max-Planck-Institutes für Limnologie, hat viele Jahre als Ökologe im Brasilianischen Forschungsinstitut in Manaus gearbeitet. Von dort und später von Plön aus hat er zusammen mit einer Arbeitsgruppe aus Hydrologen, Bodenkundlern und Biologen durch die umfangreiche Datenerhebung und detaillierten Systemanalysen entscheidend zum ökologischen Verständnis der feuchten Tropen Südamerikas beigetragen. Er urteilt („Studies in Amazonian Waters". In: Atas do Simposio sôbre a Biota Amazônica. Vol. 3, 1967, S. 36), – in Übersetzung zitiert –: „In den größten Teilen Amazoniens können die natürlichen Gewässer am besten verglichen werden mit ein bißchen verunreinigtem destilliertem Wasser."

Meßwerte der physiko-chemischen Eigenschaften habe ich in der tabellarischen Übersicht für verschiedene Gewässertypen Amazoniens als Beispiele zusammen- und entsprechenden Daten für außertropische Flüsse aus den USA gegenübergestellt. Die ersten vier Kolonnen beziehen sich als repräsentative Einzelproben bzw. als Mittelwerte über 12 Fließgewässer auf den Regenwald über Tertiärsedimenten, die besonders im mittleren und westlichen Amazonasbecken rund 1,3 Mill. km^2 einnehmen. Es sind meist humussäuregefärbte Schwarz- oder sonst Klarwasserflüsse. Sie zeichnen sich neben hohem Säuregrad (pH um 4,5) und dem allgemein niedrigsten Nährstoffgehalt aller Flüsse der Erde vor allem durch die ökologisch besonders folgenschwere extreme Armut an Kalzium, Phosphor und Schwefelverbindungen aus. Auch der Gehalt an freiem und gebundenem Stickstoff ist klein. In den Böden dagegen ist normalerweise kein nennenswerter Stickstoffmangel zu beobachten (KLINGE und OHLE: Chemical properties of rivers in the Amazonian area in relation to soil conditions. Verh. Int. Verein. Limnolog. XV, 1964, S. 1074), ein Hinweis mehr darauf, daß Stickstoff in der organischen Substanz gebunden und im „kurz geschlossenen Nährstoff-Kreislauf" des natürlichen Waldes festgehalten wird.

Chemismus amazonischer Fließgewässer im Vergleich mit Flüssen der Außertropen*

	Regenwaldgebiet Amazoniens Schwarz- und Klarwasserflüsse							Weißwasser Rio Solimois[5]		USA Intervallbreite für US-amerik. Flüsse[6]
	Rio Negro Manaus[1] Mittel 1966–1968	Einzelproben von Gewässern aus Braunlehmgebiet[2] Nr. 2	Nr. 40	Nr. 37	Mittelwert von 12 Flüssen aus Geb. v. Tertiärsediment	Intervallbreite vieler Messungen[4] paläoz. Sed.	Diabas	Nr. 9	Nr. 10	
pH-Wert	4,8	4,39	4,42	5,84	4,5	4,2–5,5	4,0–6,6	7,38	6,82	
HCO_3		0	0	1,83				53,1	7,3	
SO_4		0,70	0	0	0,026	0,00–0,48	0–2,69	10,0	1,25	S 6,0–12,0
N gebunden	0,354	0,200	0,138	0,200	0,297	0,138–0,724	0–2,62	0,41	0,23	1,0–54,0
N (NO_3)	0,036	0,012	0,002	0,004	0,005	0–0,200	0–0,150	0,007	0,01	
Si	2,44	4,7	4,5	2,7	2,480	0,5–4,5	0,50–6,65	5,8	3,3	SiO_2 3,0–18,2
P	0,009	0,002	0,005	0,006	0,005	0–0,050	0–0,110	0,09	0,06	0,002–5,040
Cl	2,200	1,73	0,06	0,12	0,484	0–3,5	0–2,5	2,5	0,53	1,0–118
Na	0,719	4,44	1,61	1,18	1,296	0,847–2,53	0,245–2,06	8,35	1,69	1,9–79,0
K	0,435	1,07	1,04	1,34	1,414	0,534–1,52	0,143–1,00	2,00	1,22	0,4–26,0
Mg	0,172	0,48	0,29	0,10	0,021	0–0,38	0–5,6	1,72	0,15	0–45,0
Ca	0,336	0,15	0	0	0	0–5	0–18,4	14,5	1,08	1–54,0
Mn	0,009	0	0,008	0,016	0,018	0–0,083	0–0,212	0,08	0,06	0,0003–3,230
Fe	0,431	0,11	0,18	0,09	0,065	0–0,143	0–0,250	3,05	2,02	0,001–0,952
Al	0,016	0,28	0	0,02	0,112	0–0,488	0–0,314	1,70	0,97	
Leitfähigkeit	8,2	23,1	10,9	5,0	8,52			102	11,2	

* Alle Mengenwerte in p.p.m. (parts per million = mg/l). Das entspricht zahlenmäßig mg/1000 g oder mg/l.
[1] Anonymous, 1972. [2] Klinge und Ohle, 1964. [3] Fittkau, 1964. [4] Sioli, 1968. [5] Klinge und Ohle, 1964. [6] Sanders, 1972.

Ein besonders bemerkenswerter Hinweis darauf, daß die verfügbaren Nährstoffe im ungestörten Zustand des Waldes in der Biomasse festgehalten werden, ist der Vergleich der Nährstoffgehalte des Regenwassers einerseits und der Fließgewässer andererseits in der Nähe von Manaus, zusammengestellt von H. KLINGE in Anonymous: Regenwasseranalysen aus Zentralamazonien, ausgeführt in Manaus, Amazonas, Brasilien, von Dr. Harald UNGEMACH. Amazonia III, 1972, Tab. 4 S. 192:

Nährstoffgehalte von Regen- und Flußwasser in Amazonien

Primärnährstoffe (10^{-6} g/Liter)	Niederschlag		Schwarzwasser Rio Negro		Klarwasser Rio Tapajós	
	Trockenzeit	Regenzeit	Trockenzeit	Regenzeit	Trockenzeit	Regenzeit
P gesamt	16	11	10	7,6	21,4	8,2
N gesamt	492	413	421	366	450	258
NH_4-N	145	169	46	35	–	–
NO_3-N	52	110	40	31	3	8
org. N	242	118	342	304	–	–
Kjedall N	438	302	372	336	430	248
Ca	286	140	355	316	1250	800
Mg	190	122	186	157	320	270
Na					330	
K					410	

Mit Ausnahme des organischen Stickstoffes und des Calciums hat das Regenwasser etwas höhere Gehalte an Primärnährstoffen als das Schwarzwasser des Rio Negro. Im Klarwasser des Rio Tabajós werden nur leicht höhere Werte gefunden. Unter diesen Bedingungen ergibt sich die ökologisch bemerkenswerte Tatsache, daß Regen als Düngung der Flüsse wirken kann, wenn diese genügend freie Auffangoberflächen haben. Kleinere Bäche sind aber meist vom Kronendach des Waldes abgeschirmt.

Das geringe Nährstoffangebot in solchen Bächen hat zusammen mit der Lichtarmut (Beschattung durch die dichte Ufervegetation und geringe Sichttiefe von 1 bis 2 m wegen der Huminsäuren) ein sehr dürftiges pflanzliches und tierisches Leben zur Folge. Schwarzwasserflüsse stehen nach SIOLI bei den Bewohnern Amazoniens im Ruf, „Hungerflüsse“ zu sein. Die wichtigsten Anfangsglieder in der Nahrungskette scheinen nach FITTKAU (Remarks on limnology of Central-Amazon rain-forest streams. Verh. Int. Verein Limnologie XV, 1964, S. 1094) weniger pflanzliches oder tierisches Plankton als vielmehr Blüten, Pollen, Früchte und Insekten zu sein, die ins Wasser fallen. Überschwemmte Igapó-Wälder sind deshalb im Schwarzwasserbereich die ergiebigsten Fischgründe.

Flüsse, welche aus dem Bereich der karbonzeitlichen marinen Sedimente mit Kalken und Gipslagern beiderseits des Unterlaufes des Amazonas oder aus den begrenzten Gebieten mit alten Vulkaniten (Diabasen) kommen, meist Klarwasserflüsse, haben zwar durchgehend höhere Gehalte an chemischen Zusätzen, doch liegen auch die bei den meisten Elementen um das Mehrfache unter den in Weißwasserflüssen festgestellten und immer hart an der unteren Grenze der Intervallbreite des Chemismus außertropischer Flüsse, der USA z.B. Für sie trifft auch die Charakterisierung „extrem nährstoffarm“ noch zu.

In ganz klarem Gegensatz dazu steht das Weißwasser des Rio Solimoẽs, der über seine Quellflüsse eine große Menge an suspendiertem Abtragungsmaterial (50–100 mg/l) aus den Hochanden heranführt: neutrale Reaktion (pH-Wert um 7), alle Daten fast zehnmal so hoch als in den Schwarz- und Klarwasserflüssen. Bemerkenswert niedrig sind die Stickstoff- und Phosphorwerte. Nachteil des Wassers für die Lebewelt ist die Lichtarmut als Folge der großen Trübung (Sichttiefe 10–60 cm). Deshalb sind die fischreichsten Gewässer im Mischungsbereich von Weiß- und Klarwasser (Sichttiefe 60 cm bis 4 m), dort, wo die Hochfluten des gewaltigen Hauptstroms Rückstauseen an den Nebenflüssen hervorrufen (H. SIOLI, o. a. Lit.).

Der Abfluß des Amazonas im Unterlauf wird nach den jüngsten Arbeiten (O'REILLY-STERNBERG, H. und PARDÉ, M.: Informations d'orogine récente sur les débits monstreux de l'Amazone, Actes du 89e Congrès Nat. des Soc. Savantes. Lyon 1964, S. 189–195) auf 190000 m^3/sec im Mittel kalkuliert. Am 16. Juli 1963 wurden 216000, im Juni 1953 der Rekordwert von 280000 m^3/sec gemessen (vgl. Congo 40000, Jangtsekiang 30000, Mississippi 18000, Jenissei 17500, Lena 15500, Paraná 15500; zusammen 140000 m^3/sec, 25 % weniger als der Amazonas allein). Der jahreszeitliche Wasserstand schwankt in der Nähe von Manaus um 10 bis 15 m. Die Folge sind riesige Überschwemmungen und Dammuferbildung. Besonders durch letztere wird ein Teil der Mineralfracht sedimentiert, das meiste allerdings in den Atlantik transportiert.

Zusätzliche Literatur:

ANONYMOUS: Regenwasseranalysen aus Zentralamazonien, ausgeführt in Manaus, Amazonas, Brasilien, von Dr. Harald Ungemach. Amazonia III, 1972. 186–198. ANONYMOUS: Die Ionenfracht des Rio Negro, Staat Amazonas, Brasilien, nach Untersuchungen von Dr. Harald Ungemach. Amazonia III, 1972. 175–185. FITTKAU, E. J.: Remarks on limnology of Central-Amazon rain-forest streams. Verh. Int. Ver. Limnologie XV, 1964. 1092–1096. KLINGE, H.: Podsol-soils: a source of blackwater rivers in Amazonia. Atas do Simpósio sôbre a Biota Amazônica. Vol. 3, 1967. 117–125. KLINGE, H. und OHLE, W.: Chemical properties of rivers in the Amazonian area in relation to soil conditions. Verh. Int. Ver. Limnologie XV, 1964. 1067–1076. GESSNER, F., 1960: Untersuchungen über den Phosphathaushalt des Amazonas. – Internat. Rev. ges. Hydrobiol., 45 (4): 339–345. GESSNER, F., 1962: Der Elektrolytgehalt des Amazonas. – Arch. Hydrobiol., 58 (4): 490–499. OLTMANN, R. E.; O'REILLY-STERNBERG, H.; AMES, F. C. und DAVIS, Jr., L. C., 1964: Amazon River Investigations – Reconnaissance Measurements of July 1963. – Washington, Geological Survey Circular 486, III: 1–15. PARDÉ, M., 1964: Les variations saisonnières de l'Amazone. – Ann. Géogr., Paris, 45 (257): 502–511. SANDERS: Quality of Surface Waters of the U.S. US Geol. Surv. Water Supply Paper Washington 1972. SIOLI, H., 1954 b: Gewässerchemie und Vorgänge in den Böden im Amazonasgebiet. – Naturwissenschaften, 41 (19): 456–457. SIOLI, H., 1956 a: Über Natur und Mensch im brasilianischen Amazonasgebiet. – Erdkunde, 10 (2): 89–109. SIOLI, H., 1957 c: Sedimentation im Amazonasgebiet. – Geol. Rdschau., 45 (3): 608–633. SIOLI, H., 1961: Landschaftsökologischer Beitrag aus Amazonien. – Natur und Landschaft, 36 (5): 73–77. SIOLI, H., 1965 a: Zur Morphologie des Flußbettes des Unteren Amazonas. – Naturwissenschaften, 52 (5): 104. SIOLI, H. und KLINGE, H., 1961: Über Gewässer und Böden des brasilianischen Amazonasgebietes. – Die Erde, 92 (3): 205–219.

ZA 15 Nachweis der Wirkung von Mycorrhizae

Der biologisch kurz geschlossene Produktionskreislauf des tropischen Regenwaldes hat eine kritische Station, eine dünne Stelle, an der die in der Biomasse gehorteten, aus dem nährstoffarmen Boden nicht oder nur sehr langsam ersetzbaren mineralischen Nährelemente verloren gehen können. Es ist jene Phase, in welcher bei der Mineralisation der Waldstreu und der tierischen Abbauprodukte die Nährelemente aus der organischen Verbindung entlassen und im Wurzelraum der Pflanzen als anorganische Aufbaustoffe neu zur Verfügung gestellt werden müssen. Im Normalfall ist das Auffangbecken, die Nährstoffbank, der Boden; Normalfall so lange, als er zwischen Nährstoffzufuhr von oben, endogener Neuaufbereitung im Bodensubstrat und Auswaschung nach unten als Fließgleichgewichtssystem mit hoher Puffermasse anzusetzen ist [s. ZA 11]. Unter den feuchttropischen Bedingungen ist aber die Pufferung des Systems bei sehr geringem Nährstoffbestand im Boden gering, die Neuaufbereitung minimal, die Auswaschung maximal, so daß aus dem Fließgleichgewichts- ein einseitiges Durchlaufsystem wird, in welchem die Nährstoffzufuhr von oben hoffnungslos in der Tiefe versiegen und verloren gehen muß.
In dieser Situation kommt der *Mycorrhizae* eine geradezu entscheidende Rolle *als Systemsicherer* zu. Im Zuge der Ableitung muß dementsprechend großer Wert auf den Nachweis gelegt werden, daß die Mycorrhizae tatsächlich diese Rolle spielen können und auch spielen.
Zu beweisen ist der Mutualismus in dem Sinne, daß einerseits die Mycorrhizae Nährstoff-Fallen und Nährstoff-Zuträger für die Bäume darstellen und daß andererseits die höheren Pflanzen die existenznotwendigen Photosyntheseprodukte an die Pilze liefern.
Die Existenz von Bodenpilzen, die in „Symbiose" – so wurde zunächst angenommen – mit höheren Pflanzen leben, ist seit 100 Jahren bekannt. Frank (Berichte Deutsche Botanische Gesellschaft 3, 1885) hatte 1885 bereits den Terminus „Mycorrhiza" geprägt. Ihre physiologische Funktion und ökologische Bedeutung aber werden erst in den letzten Jahrzehnten durchschaubar. Gegensätzliche Interpretationen in der Vergangenheit sind wohl der Grund, daß dem Phänomen früher selbst in Standardlehrbüchern der Pflanzenphysiologie wenig Beachtung geschenkt wurde. Die notwendigen genaueren Kenntnisse sind durch Laborversuche auf der einen und durch Freilandexperimente auf der anderen Seite gewonnen worden.

Die *Laborversuche* bedienen sich der sog. tracer-Methode. Dabei werden den angebotenen Nährstoffen gewisse Mengen eines radioaktiven Isotops eines bestimmten Nährelements zugesetzt, das in den physiologischen Kreislauf der Pilze und höheren Pflanzen aufgenommen wird (z.B. radioaktives Kalzium oder radioaktives Kohlendioxyd). Diese Isotope zerfallen in gesetzmäßig festgelegtem Ablauf (konstante Halbwertzeit) durch schrittweise Reduktion ihres überhöhten Atomgewichtes (z.B. Ca^{45} anstatt Ca^{40}) unter Freisetzung von elektrischen Elementarteilchen. Jeder der Reduktionsschritte des Kernzerfalls läßt sich mit dem Geigerzähler registrieren. Je mehr radioaktive Elemente in der Masseneinheit eines bestimmten Pflanzenorgans enthalten sind, um so mehr „counts" („Zähler") gibt das Geigergerät pro Zeiteinheit an. Umgekehrt läßt sich aus den Zählern des Geigerrohres direkt auf die Konzentration des untersuchten Elementes an den verschiedenen Stellen eines Organismus schließen und durch wiederholte Messung der Weg verfolgen, den das radioaktive Element als Spurenzeiger (tracer) durch den Organismus nimmt.

Die Experimente bezüglich der Rolle der Mycorrhiza als Nährstoffzuträger wurden folgendermaßen durchgeführt (MELIN, E. und NILSSON, H.: Ca^{45} Used as indicator of transport of cations to pine seedlings by means of mycorrhizal mycelium. Svensk Bot. Tidskrift 49, 1955. 119–122):

In Erlenmeyer-Kolben wurden kleine Glastöpfchen gesetzt, die mit sterilem Quarzsand und Nährstofflösung gefüllt und in einen Autoclaven eingebracht wurden. Jedes der Arrangements erhielt einen aseptischen Kiefernsetzling, der nach dreimonatigem Wachstum mit Mycorrhiza (Mycelien von Boletus Variegatus) geimpft wurde. Nachdem die Pilze sich an den Wurzeln genügend entwickelt hatten, wurde eine mit Ca^{45} versetzte $CaCl_2$-Lösung bestimmter Konzentration zu der Nährlösung in den Glastöpfchen zugesetzt. Nach 48 Stunden wurden die Pflänzchen herausgenommen, die einzelnen Organteile separiert, zu Trockenmassen aufbearbeitet und dann mit dem Geigerzähler deren Gehalt an radioaktivem Kalzium bestimmt. Ein typisches Versuchsergebnis zeigt die folgende Tabelle aus der o. a. Arbeit:

Teil der Pflanze	Trockengewicht in mg	Counts pro Min. der Probe	Counts pro Min. und mg Trockengewicht	Gesamtmenge an Ca in µg* pro mg Trockengewicht
Wurzeln				
a) mit Mycorrhiza				
Probe Nr. 1	1,3	68,2	52,5	1,58
Probe Nr. 2	1,8	84,0	46,7	1,40
Probe Nr. 3	1,4	83,6	59,7	1,79
b) ohne Mycorrhiza				
Probe Nr. 1	1,8	16,5	9,2	0,28
Probe Nr. 2	1,2	9,2	7,7	0,23
Probe Nr. 3	1,4	11,0	7,9	0,24
Stämmchen	6,2	118,3	19,1	0,57
Nadeln	7,1	162,5	22,9	0,69

* µg = 1/1000 mg.

Die Zahlen beweisen dreierlei ganz eindeutig. Erstens hat die organische Substanz, die aus Wurzeln plus Pilzgeflecht besteht, vier- bis sechsmal mehr Kalzium pro Gewichtseinheit aufgenommen als die der Wurzeln ohne die Mycorrhiza. Zweitens ist das Kalzium in die oberirdischen Organe geführt worden. Und da dort die Konzentration des Ca größer ist als in den mycorrhizafreien Wurzeln, muß drittens die Mycorrhiza als der effektive Nährstoffzuträger angesehen werden.

Durch ähnliche Versuche ist mit ähnlicher Eindeutigkeit der Nachweis gelungen, daß Wurzeln mit Mycorrhiza größere Mengen von Phosphor aufnehmen als solche ohne die Pilzgeflechte (KRAMER und WILBURN, 1949, sowie HARLEY und MCCREADY, 1952), daß Mycorrhiza Nährelemente von einer entfernten Quelle den Wurzeln zuführen kann und daß außer Phosphor und Kalzium auch Stickstoff in beträchtlicher Menge von den Pilzwurzeln aufgenommen und an die Pflanzen weitergegeben werden (MELIN und NILSSON, 1954).

KRAMER, P. J. und WILBURN, K. M.: Absorption of radioactive phosphorus by mycorrhizal roots of pine. Science 110, 1949.

HARLEY, J. L. und MCCREADY, C. C.: The uptake of phosphate by excised mycorrhizal roots of the beech. II. Distribution of phosphorus between host and fungus. New Phytol. 51, 1952.

MELIN, E. und NILSSON, H.: Transport of labelled phosphorus to pine seedlings, through the mycelium of Cortinarius glaucopus. Svensk Bot. Tidskrift 48, 1954.

Nun war noch der Beweis zu führen, daß die Mycorrhizae auch von ihren Partnerpflanzen wirklich mit Photosyntheseproduktion versorgt werden, daß also tatsächlich eine Mutualismusbeziehung zwischen ihnen und den höheren Pflanzen besteht.

MELIN und NILSSON (Transport of C^{14}-labelled photosynthate to the fungal associate of pine mycorrhiza. Svensk. Bot. Tidskrift 51, 1957, 166–186) haben dazu Kiefersämlinge in einer Nährstofflösung aufgezogen, ihre Wurzeln mit Mycorrhiza geimpft, von der einen Hälfte der kleinen Pflänzchen alle Syntheseorgane (Nadeln) entfernt und sie zusammen mit den anderen über kurze Zeit einem radioaktiv markierten Kohlendioxyd-Gasgemisch ausgesetzt. So ergaben sich zwei Vergleichsserien: bei den geköpften Pflänzchen konnte radioaktives CO_2 nur auf direktem Weg in die Nährlösung und Wurzeln diffundieren, bei den intakten Pflänzchen wurde es zusätzlich noch über die Photosynthese in den Nährstoffkreislauf des Systems aufgenommen. Werden die Mycorrhiza von den Wirtspflanzen mit Produkten der Photosynthese versorgt, müßte sich an den Wurzeln der intakten Pflänzchen höhere Radioaktivität zeigen als an denen der geköpften.

Das Ergebnis der Experimente ist so dargestellt, daß jeweils die Differenz der Counts im Geigergerät zwischen intakten und geköpften Pflanzen als Mittelwert angegeben wird:

Counts/Min. und mg Kohlenstoff

Experiment Nr.	in Pilzmantel	in Wurzeln ohne Pilzmantel	in Teilen des Stämmchens
1	695	506	420
2	610	457	408
3	799	526	534
4	1260	542	446
5	835	398	361
6	916	511	380
7	623	402	301

Die Zahlen beweisen eindeutig, daß Kohlenstoff auf dem Weg über die Photosyntheseprozesse von den Kiefernpflänzchen an die Mycorrhiza an ihren Wurzeln weitergeleitet worden sind. Die Pilzgeflechte wurden sogar verhältnismäßig stärker mit Photosynthaten versorgt als die Organe der Pflanze selbst. Damit ist der Beweis für den Wurzelmutualimus zwischen Mycorrhiza und höheren Pflanzen erbracht.

Die entscheidenden Erkenntnisse über die Bedeutung der Mycorrhiza für das Wachstum der Bäume unter natürlichen Bedingungen haben Freilandversuche im Zusammenhang mit einem Aufforstungsprogramm in Wisconsin (USA) geliefert. Dort sollten Prärieinseln innerhalb der Laubwaldregion wieder aufgeforstet werden. Nachdem wiederholte Bemühungen auf rein praktischer Basis fehlgeschlagen waren, haben sich die Ökologen der Universität Madison (Wisc.) für das Problem interessiert.

WILDE, S. A.: Mycorrhizal Fungi: their distribution and effect on tree growth. Soil Science 78, 1953, 23–31.

–: Mycorrhizae and Tree Nutrition. Bio. Science, 18, 1968, 23–31.

Sie haben Setzlinge von sterilem Samen verschiedener Baumarten zunächst in künstlichen Nährlösungen angezogen und dann an unterschiedlichen Standorten ausgepflanzt. Darunter waren auch einerseits relativ sterile Böden über Dünensanden, die früher einmal bewaldet waren, und andererseits agrarisch sehr ertragreiche Böden der waldlosen Prärie. Als Ergebnis zeigte sich, daß die in den Prärieböden ausgebrachten Baumsetzlinge regelmäßig kümmerten, während sie sogar auf den nährstoffarmen Dünenböden normal gediehen.

Daraus wurde zunächst der Schluß gezogen, daß die Graslandböden der Prärie keine Wurzelpilze beherbergen, wahrscheinlich weil die Präriepflanzen für Pilze giftige oder antibiotische Substanzen über ihre Wurzeln ausscheiden. In Waldböden hingegen existieren solche Mycorrhizae.

Systematische Untersuchungen haben gezeigt, daß man bezüglich der Art der Verflechtung von Baumwurzeln und Wurzelpilzen drei verschiedene Pilzgeflechte unterscheiden kann, deren unterschiedliche Bedeutung im einzelnen noch nicht ganz klar ist. Ihre Gesamtwirkung läßt sich aber aus den experimentellen Daten von WILDE (1968) eindeutig erschließen. Es wurde die Austauschkapazität und der Gehalt an bestimmten mineralischen Nährstoffen von Böden im Zwischenraum zwischen den mycorrhizabesetzten Wurzeln auf der einen und dem Bodenmaterial in unmittelbarer Nähe der Wurzeln analysiert. Das Ergebnis der Untersuchungen ist in der folgenden Tabelle (nach WILDE, 1968) festgehalten.

	Reaktion p.H.	Austausch-kapazität mval/100 g	Verfügbar (p.p.m.)			Austauschbar mval/100 g	
			N	P	K	Ca	Mg
Wurzelzwischenraum von ausgewaschenem Sand	4,6	2,1	Tr.	12	29	0,55	0,22
Derselbe Boden nahe den Wurzeln von Pinus resinosa	4,5	3,7	24	64	78	1,65	0,61
Wurzelzwischenraum podsolierter sandiger Lehm	4,7	2,8	16	42	31	1,00	0,32
Derselbe Boden rund um die Wurzeln von Pinus strobus	5,0	4,1	92	80	115	2,44	0,72

Die wesentlich besseren Austauschkapazitäten und größeren Mengen an verfügbaren Kationen werden darauf zurückgeführt, daß die Mycorrhiza an den Wurzeln der fünf Jahre alten Kiefern eine chemische Umwandlung der primären Silikatminerale (vorzugsweise Glimmer und Feldspäte) zu Tonmineralen (Vermiculit und evtl. Kaolinit) bewirken, wobei gleichzeitig die Nährelemente aus dem Kristallverband freigesetzt werden. (SPYRIDAKIS, D. E., G. CHESTERS und S. A. WILDE: Kaolinization of biotite as a result of coniferous and deciduous seedling growth. Soil Sci. Soc. Am. Proc. 31, 1967, vgl. auch ZA 12 bezüglich der Tonmineralbildung).

Es liegt nach den Untersuchungen von MELIN und NILSSON aber auch die Annahme nahe, daß die Mycorrhizae zusätzlich Nährelemente aus dem Wurzelzwischenraum herangeführt haben. Weitere Arbeiten über das Zusammenwirken der unterschiedlichen Formen der Pilzgeflechte sowie die Vorgänge der Mineralaufschließung und Nährstoffaufnahme sind in der o.a. Arbeit von WILDE (1968) referiert.

Die Ausweitung entsprechender *Beobachtungen und Erfahrungen* in den *Tropen* ist zwar noch relativ begrenzt, doch sind vor allem von WENT und STARK als Teilnehmer der US-amerikanischen Expedition mit dem Forschungsschiff „Alpha Helix“ wichtige Hinweise auf die Bedeutung der Mycorrhiza für das Wachstum der amazonischen Regenwälder beigebracht worden (F. W. WENT und N. STARK: Mycorrhiza. Bio. Science 18, 1968, 1035–1039).

Sie stellen einerseits fest, daß sich das, was man über die Wirkung der Mycorrhiza in den Waldgebieten der gemäßigten Mittelbreiten weiß, im allgemeinen auf die tropischen Verhältnisse übertragen läßt, daß man andererseits aber zwei fundamentale Zusätze machen muß: Erstens sind die Nährwurzeln der Bäume vorwiegend mit solchen Mycorrhizae besetzt, die auch in die Zellen der Wurzeln eindringen (endotrophic mycorrhiza), und zweitens konzentrieren sich die Pilzgeflechte zusammen mit Nährwurzeln der höheren Pflanzen vorwiegend schon in der Waldstreu und in dem noch nicht mineralisierten toten organischen Material oberhalb des eigentlichen Bodens. „Die meisten der Nährwurzeln erreichen überhaupt nicht den Mineralboden, sie liegen vielmehr in Schichten zwischen den abgefallenen Blättern und sind durch Haarwurzeln und Pilze an dem toten organischen Material angeheftet.“ (Eine ähnliche Auffassung vertritt B. FASSI: Die Verteilung der ectotrophen Mycorrhizen in der Streu im Kongo. Int. Mycorrhiza-Symposium Jena 1960.)

Typisch für den tropischen Regenwald ist nach den Beobachtungen von WENT und STARK, daß Wurzeln mit Mycorrhiza in abgefallene Äste eindringen, oder daß kleine Sämlinge mit ihren pilzbesetzten Wurzeln ihre eigenen für Regenwaldfrüchte charakteristischen dicken hölzernen Samenschalen umschließen. Die Mycorrhiza „verdauen“ das Holz und transferieren die Nährstoffe sofort zum Sämling.

Aus diesen Beobachtungen haben WENT und STARK die Theorie des direkten Mineralumlaufes („*Direct Mineral Cycling Theory*“) abgeleitet. Danach sollen die vorwiegend endotrophen Mycorrhizae des tropischen Regenwaldes Zellulose und Lignin „verdauen“, holzige Fruchthülsen, Äste und Blattstreu aufschließen können. Dadurch gelangt die Hauptmenge der mineralischen Nährstoffe erst gar nicht in den Boden, sondern wird gleich aus dem toten organischen Material entnommen. Nur ein geringer Teil wird wie in den Außertropen durch bakteriellen Abbau mineralisiert und in die Bodenlösung gebracht. Dort werden sie von den Wurzeln wieder aufgenommen, evtl. aber auch ausgewaschen. So seien die Mycorrhizae als „closing link“ in den von RICHARDS (The Rain Forest. London 1952) als weitgehend geschlossen postulierten Nährstoffkreislauf einzufügen.

Unabhängig davon, ob nun Direct Mineral Cycling der quantitativ dominierende Umschlagweg ist oder ob doch der größere Anteil der Nährelemente die oberste Bodenzone erreicht, geht aus allem aber die wichtige Rolle der Mycorrhiza zur Absicherung des Produktionskreislaufes über den nährstoffarmen Tropenböden hervor.

E. P. ODUM faßt die wichtigsten der hier etwas detaillierter dargelegten Tatsachen in seinem umfassenden Lehrbuch „Fundamentals of Ecology“, Saunders Philadelphia 1971, 102/103, kurz zusammen.

ZA 16 Zur oberflächennahen Wurzelkonzentration in Böden des tropischen Regenwaldes

An jeder angeschnittenen Böschung fällt im Bereich der amazonischen Regenwälder die massive Konzentration relativ dicker Wurzeln in den obersten 30 bis 40 cm und vor allem die daran übergangslos nach unten anschließende wurzelfreie Bodenzone auf. Besonders bemerkenswert erschien mir bei meiner ersten Reise im Bereich Amazoniens in der Nähe von Manaus der Wurzelteller eines Paranußbaumes, der durch anthropogen verursachte schwache Bodenerosion freigelegt worden war. Viele oberschenkelstarke Hauptwurzeln strahlten radial vom Stamm aus und waren jeweils über 5 oder 6 m völlig oberflächenparallel zu verfolgen.

Greenland und Kowal (Nutrient content of moist tropical forest of Ghana. Plant and Soil 12, 1960, S. 154–174) führen aus Afrika folgende genaueren Erhebungen an: Unter einem 40 Jahre alten Regenwald bei Kade befanden sich 86 % aller Wurzeln in den obersten 30 cm Bodentiefe. Unter 15 Jahre altem Brachwald waren es 80 %, unter achtjährigem 68 % in den obersten 10 inches. Im Grasland wurden 50 % aller Wurzeln bis 8 inches Tiefe gefunden.

H. Klinge und E. J. Fittkau (Filterfunktionen im Ökosystem des zentralamazonischen Regenwaldes. Mitt. Deutsche bodenkundl. Ges. 16, 1972. 130–135) geben folgendes Ergebnis der Aufnahme einer 0,2 ha großen Probeparzelle im Regenwald nordöstlich von Manaus an:

Feinwurzelmasse des zentralamazonischen Regenwaldes:

Horizont	Mächtigkeit cm	Frischgewicht t/ha	Länge 10^3 km je ha	Prozentualer Anteil der Durchmesserklassen an Gesamtmenge je Horizont		
				0,3 cm	0,3–1 cm	1–5 cm
A	16	87,7	11,6	31,4	26,0	42,6
oberer B	31	60,7	7,2	23,9	22,2	53,9
unterer B	60	57,6	4,1	22,5	16,2	61,3

ZA 17 Abhängigkeit von Bevölkerungsdichte und geologischem Untergrund in den Tropen

Einzelkarten über die Bevölkerungsdichten auf der Basis relativ kleiner Verwaltungseinheiten für verschiedene Regionen der Tropen sind enthalten in Trewartha, G. F.: The less developed realm. A Geography of its Population. New York 1972.

Speziell für Indonesien läßt sich der Vergleich zwischen geologischem Untergrund und Bevölkerungsdichte mit Hilfe der farbigen Karten im Werk von Ruth McKey (ed.): Indonesia. New Haven 1963, sehr anschaulich gestalten. In diesem Buch findet sich ein Kapitel von Karl J. Pelzer über „Physical and Human Resource Patterns" mit einer Detailkarte der Bevölkerungsdichte auf Districtsbasis für die Region Jogjakarta mit folgender Unterschrift (übersetzt): „Es ist eine enge Korrelation zwischen Bevölkerungsdichte und Geologie, Böden und Landnutzung vorhanden. Die Böden der Gunung-Sewui-Kalksteinregion haben eine viel geringere Tragfähigkeitskapazität als die reichen Böden, die von den vulkanischen Ergüssen des Mt. Merapi stammen.“ Der Unterschied in den Dichtewerten der entsprechenden Distrikte ist 700–900 E/km^2 einerseits und um 250 E/km^2 andererseits. Im Kalksteingebiet, das wohl noch vom „Aschenregen“ der tätigen Vulkane erreicht wird, liegen die Werte also immer noch sehr hoch im Vergleich zu anderen Gebieten der Tropen über reinen Verwitterungsdecken aus Gneis oder Granit z.B.

ZA 18 Standörtliche Verbindung von Fruchtbarkeit und Lebensraumgefährdung in den Tropen

Überdenkt man noch einmal die fruchtbaren Gebiete, so sind diese ausgerechnet mit der Gefährdung der Kulturmaßnahmen durch episodische Naturkatastrophen verbunden (Vulkangebiete, Überschwemmungsbereiche) oder mit agrartechnischen Schwierigkeiten belastet (Anbau an Steilhängen oder auf Minutenböden).

Verglichen damit sind die Auen- und Lößböden als tragfähigste Bodensubstrate der Mittelbreiten wesentlich günstiger lokalisiert.

ZA 19 Staudämme im subtropischen Nord- und randtropischen Zentralafrika

Im World Register of Dams, ICOLD, Paris o.J., sind bis zum Stichtag 31.12.1968 für Marokko 20, Algerien 22 und Tunesien 19 Staudämme mit einer Mindesthöhe von 15 m aufgeführt.

Von den Sudanländern sind im Register nur die Elfenbeinküste, Ghana und der Sudan mit vier, drei bzw. vier Dämmen vertreten. Aus der Literatur lassen sich noch weitere drei für Guinea, je einer für Sierra Leone bzw. Liberia und drei für Nigeria zusammentragen. Bis auf die Staudämme am Nil im Ostsudan dienen sie vorwiegend der Elektrizitätserzeugung in den feuchteren Teilen der Tropen (HAGELLOCH, R.: Die Staudämme Afrikas. Zulassungsarbeit Freiburg 1973).

ZA 20 Klimamorphologische Zonen und topographische Charakteristika der Flächenbildungszone

Die rezente Rumpfflächenbildung in den Gebieten der wechselfeuchten Tropen ist inzwischen schon Behandlungsgegenstand aller neuen Lehrbücher der Geomorphologie. Dort muß man sich über geklärte und ungeklärte Fragen der Genese orientieren. Im Zusammenhang mit der in der vorliegenden Arbeit vorgetragenen Ableitung ist allein Wert zu legen erstens auf die Lage der Flächenbildungszone in den Klimagürteln und zweitens auf die morphographischen bzw. – wenn möglich – morphometrischen Fakten.

Bezüglich der Lage informiert die folgende Übersichtskarte der „Klimamorphologischen Zonen der Gegenwart“ aus der Arbeit von J. BÜDEL: „Das natürliche System der Geomorphologie, mit kritischen Gängen zum Formenschatz der Tropen“ (Würzburger Geogr. Arbeiten, Heft 34, Würzburg 1971).

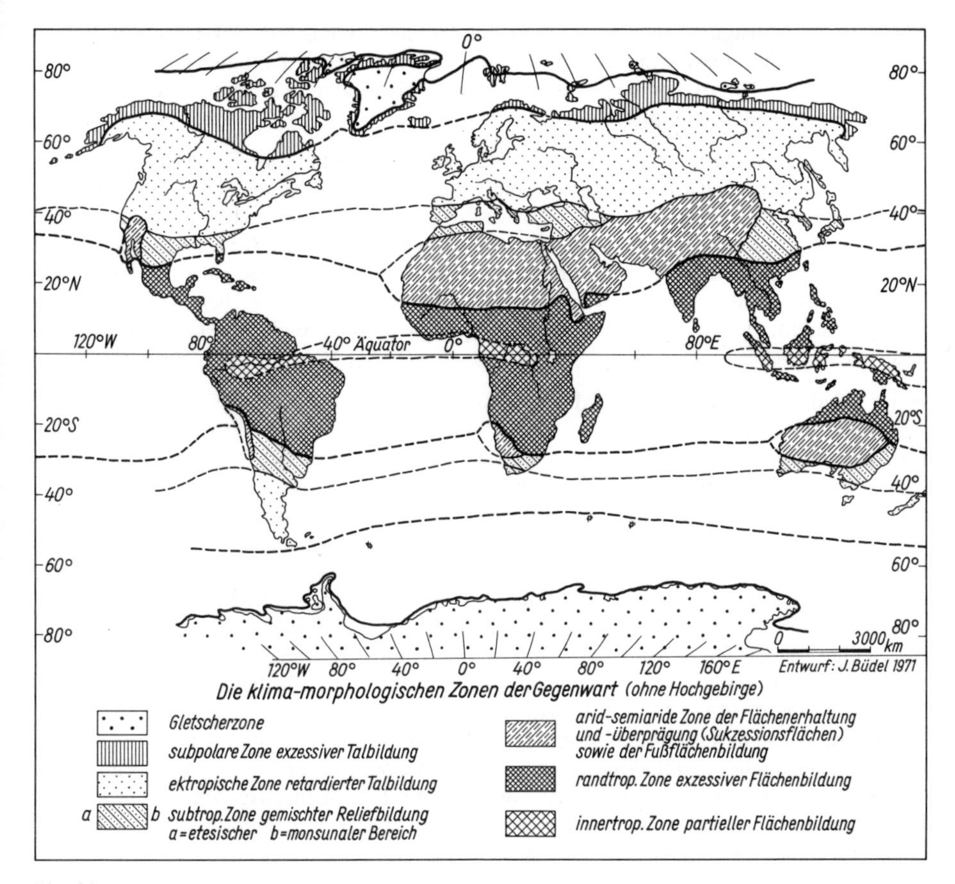

Fig. 38

Zwar gibt es inzwischen gewichtige Argumente einer Reihe von Geomorphologen gegen die von BÜDEL angenommene große Flächenausdehnung der Zone exzessiver Flächenbildung, doch betreffen die Einwände in der Hauptsache den Übergangsbereich zur „innertropischen Zone partieller Flächenbildung", wo nach der Meinung dieser Forscher schon wieder Tiefenerosion und Talbildung auftreten. Die Zugehörigkeit der Trockensavanne des Sudan und des Dekkan-Plateaus zur Flächenbildungszone ist dagegen unbestritten.

BÜDEL charakterisiert die randtropische Zone exzessiver Flächenbildung folgendermaßen: Sie „ist dadurch gekennzeichnet, daß es dort auf ruhenden oder nur schwach gehobenen Schollen zur Bildung weitreichender, die verschiedensten Gesteinsserien rücksichtslos übergreifenden Rumpfflächen kommt. Sie ist in ihrem Kern an das Klima der äußeren Tropen mit deutlichem Wechsel von Trocken- und Regenzeit bei weithin mächtiger Bodendecke, fast ständiger Durchfeuchtung und entsprechend starkem chemischen Zersatz an der Bodenbasisfläche geknüpft... Der Formungsmechanismus, den dieses „Savannen"-Klima erzeugt, ist in einem wichtigen Verhältnis seiner Elemente dem der exzessiven Talbildungszone gerade entgegengesetzt: Die Stärke der allgemeinen denudativen Abtragung auf den Breiten des Landes kommt hier der Geschwindigkeit gleich, mit der die Flüsse sich eintiefen können. So kommt es im Tiefland vielfach nicht zur Ausbildung von Tälern, sondern von weiten, in Spülscheiden und Spülmulden sanft auf- und abschwingenden Rumpfflächen."

„Als Muster lebender Rumpfflächen" bezeichnet BÜDEL die Tamilnad-Fläche in Südindien. Aber auch die anderen Gebiete des Dekkan-Plateaus sind von ähnlichen „länderweiten Abtragungsebenen" (BÜDEL, a.a.O.) gekennzeichnet, die in Form multipler Rumpfflächen nach Westen hin bis auf Höhen um 1000 m am Ostrande der Westghats aufsteigen. In diese Abtragungsebenen haben die großen wie die kleineren Flüsse im Regelfall keine Erosionstäler einschneiden können. Sie fließen im Zentrum weiter Mulden, denen BÜDEL nicht einmal Bezeichnung und Funktion eines Tales zugestehen möchte.

Wenn bei der Charakterisierung der geomorphologischen Verhältnisse der Flächenbildungszone wiederholt die Begriffe „Fläche" und „Ebene" verwendet werden, so muß – um Mißverständnissen vorzubeugen – betont werden, daß es sich – genau betrachtet – immer nur um *Fast*ebenen (Peneplains) handelt. Als aktive Abtragungsoberflächen unterliegen die Rumpfflächen nämlich allen Einflüssen selektiver Denudation mit der Folge, daß die sog. Ebenen neben ihrer Neigung in der allgemeinen Abtragungsrichtung noch ein sehr unregelmäßig angelegtes Sekundärrelief in Form aller möglichen Bodenwellen und -mulden sowie ein regelmäßiges in Form der tributären Flachmuldentäler aufweisen. Die Höhendifferenz der ersteren beträgt zwar auf 200 oder 300 m Entfernung nur wenige Meter, die der letzteren auf ein paar Kilometer wenige Zehner von Metern, doch sind es eben jene entscheidenden Niveaudifferenzen, welche die *Abtragungsfast*ebenen z.B. hinsichtlich des Aufwandes zur Anlage von horizontalen Feldern für künstliche Bewässerung von den *Akkumulationsebenen* mit ihren gleichsinnigen Abdachungen und weithin tatsächlich ebenen Oberflächen unterscheiden. Zudem sind im Bereich der Rumpfflächen in der Nähe der Flüsse auch keine Terrassen ausgebildet, wie sie zur Normalausstattung der subtropischen und außertropischen Talbildungszone gehören. Ebene Flächen im strengen Sinne des Wortes sind also im Bereich der Flächenbildungszone sehr selten.

Eine genaue Ausmessung eines Ausschnittes aus der Rumpfflächentopographie zeigt die Abbildung auf S. 126 aus der Arbeit von H. LOUIS: „Über Rumpfflächen- und Talbildung in den wechselfeuchten Tropen, besonders nach Studien in Tanganyika". Zeitschr. f. Geomorph. N.F. 8, Sonderheft 1964, 43–70.

Die kleineren Täler – wie das des Ngerengere – sind „in Tanganyika von Talscheide zu Talscheide 3 bis 5 km breit und 30 bis 50 m tief". Über die großen Täler schreibt LOUIS (a.a.O.): „Größere Täler dieser Art sind oft 8–10 km breit und um 100 m tief. Das reine Flachmuldental des Ruvuma ist auf der 100 km langen Strecke von Masaguru bis Nevala 70 bis 80 km breit und 300 m tief. Das Tal ist hier asymmetrisch. Der viel breitere nördliche Rampenhang besteht praktisch aus der südlichen Hälfte der Rumpffläche von Masasi. Er hat 50 km Breite und nur 6 ‰ Durchschnittsgefälle.

In den Sudan-Guinea-Rumpfflächenlandschaften sind die Talbreiten der reinen Flachmuldentäler noch größer als in Tanganyika. Talbreiten von 20, 30 und 40 km zwischen den beiderseitigen Wasserscheiden kommen selbst bei mittelgroßen dieser Flachmuldentäler vor, und es gibt 10 km bis 15 km, ja 20 km lange einheitlich geböschte Rampenhänge."

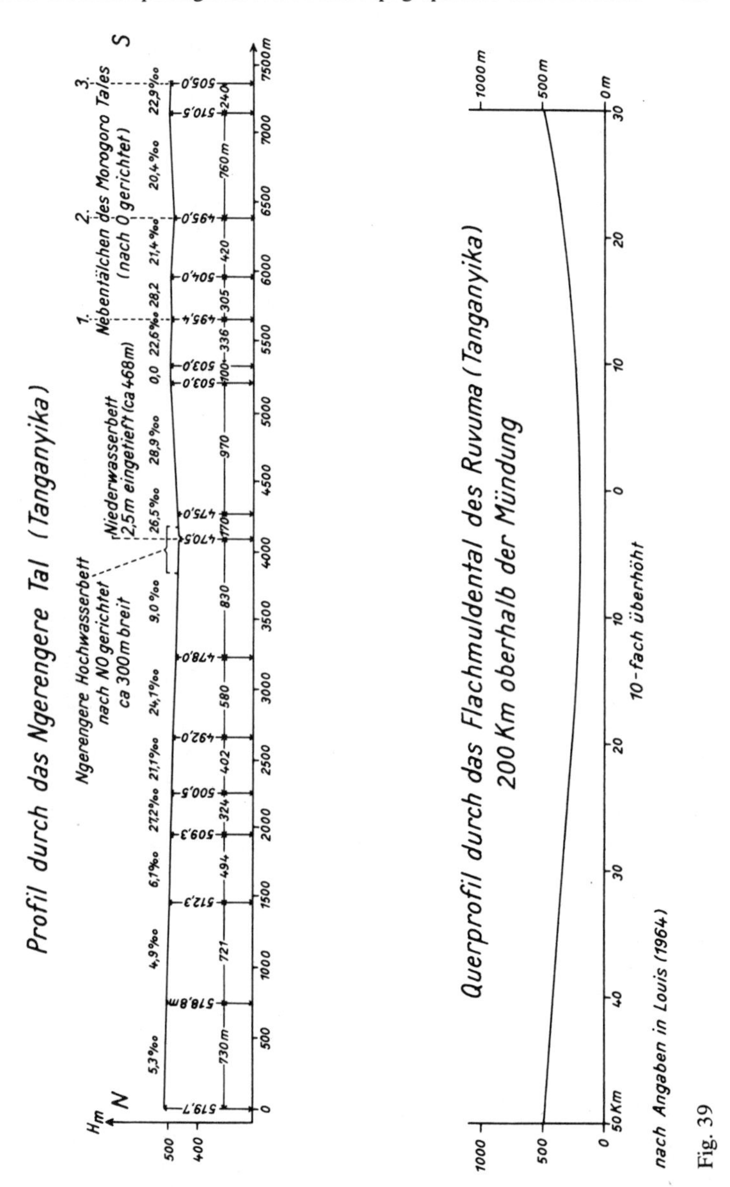

Fig. 39

Ausschnitte aus Isohypsenkarten für die unzerschnittenen Rumpfflächen der wechselfeuchten Tropen und die zerschnittenen fossilen der ektropischen Zonc rctardierter Talbildung (Ausschnitt beiderseits des Rheines) sind enthalten in: Louis: Allgemeine Geomorphologie. Lehrbuch der Allgem. Geographie, Bd. 1, 3. Aufl., de Gruyter, Berlin 1968, S. 218/219, sowie Louis: Reliefumkehr durch Rumpfflächenbildung in Tanganyika. Geogr. Annaler 49 A, 1967, 260/261.

Sachverzeichnis